趣讲科学史

两千年的物理：从日心说到万有引力

科学史

海上云 著

天地出版社
TIANDI PRESS

图书在版编目（CIP）数据

两千年的物理. 从日心说到万有引力/海上云著. —成都: 天地出版社，2024.1
（趣讲科学史）
ISBN 978-7-5455-7930-7

Ⅰ.①两… Ⅱ.①海… Ⅲ.①物理学史—世界—青少年读物
Ⅳ.①O4-091

中国版本图书馆CIP数据核字（2023）第159923号

LIANGQIAN NIAN DE WULI:CONG RIXINSHUO DAO WANYOUYINLI
两千年的物理：从日心说到万有引力

出 品 人　杨　政
总 策 划　陈　德
作　　者　海上云
策划编辑　王　倩
责任编辑　刘桐卓
特约编辑　刘　路
美术编辑　周才琳
营销编辑　魏　武
责任校对　张月静
责任印制　刘　元　葛红梅

出版发行　天地出版社
　　　　　（成都市锦江区三色路238号　邮政编码：610023）
　　　　　（北京市方庄芳群园3区3号　邮政编码：100078）
网　　址　http://www.tiandiph.com
电子邮箱　tianditg@163.com
经　　销　新华文轩出版传媒股份有限公司

印　　刷　北京博海升彩色印刷有限公司
版　　次　2024年1月第1版
印　　次　2024年1月第1次印刷
开　　本　889mm×1194mm　1/16
印　　张　9
字　　数　120千字
定　　价　30.00元
书　　号　ISBN 978-7-5455-7930-7

咨询电话：(028) 86361282（总编室）
购书热线：(010) 67693207（营销中心）

太阳底下无影子？这可是新鲜事儿

——第一个测出地球周长的人

唐诗的玄机

有人根据大数据分析，对唐诗做了一个排行榜，比较每首唐诗被选录和引用的次数。下面这首五言绝句，排在了第四位。虽然写下这首诗的唐朝诗人总共只有六首诗在文献中留存了下来，而现代人搞诗歌排名也只是一种笑谈，但他在唐朝诗人中间的地位却是无可置疑的。这首诗我们大部分读者可能在上小学前就能背诵了。

不卖关子了，请看王之涣的《登鹳雀楼》：

登鹳雀楼

白日依山尽，黄河入海流。
欲穷千里目，更上一层楼。

更上一层楼

这首诗的前两句写的是自然景色，仅仅十个字就展现出纵横万里江山气势不凡的景象；后两句抒情写意，把哲理与景物融汇得天衣无缝。这首诗成为鹳雀楼上一首不朽的绝唱，是唐代五言诗的压卷之作。

如果你去听语文课和诗歌赏析，大概就到此为止了。但是，我们今天要说的，是这首诗里隐含的科学知识。隐藏在这首诗里的秘密，在之后的 1300 多年都无人能够发现。

　　大家想一想，"欲穷千里目，更上一层楼"说明的是什么科学知识？**假设在空旷的河边，如果没有山林或高楼挡住视线，你再登上一层楼，就可以看得更远，能看到在下一层楼看不到的景物，看到原本在地平线之下的景物。这个现象暗示了什么？**

　　在揭示答案之前，我们一起穿越到公元前 500 年左右的古希腊。古希腊的科学家在登高望远时，也发现了类似的现象。看着帆船出海，先是船体消失在地平线下，然后，桅杆消失。然而只要"更上一层楼"，就又能看到桅杆和船帆。

地球不是平的

　　古希腊的科学家没有为此时此景赋诗一首，而是做了一个非常大胆的猜测：**地球不是平的**。因为如果地球是平的，桅杆消失在地平线后，你即使再上一层楼，还是看不到桅杆的。只有地球的平面是弯曲的或者是圆的，才能解释"更上一层楼，桅杆再冒头"的现象。

　　古希腊的科学家通过这个现象，加上其他旁证，推测地球是一个球体。其他旁证是什么呢？比如，月亮是圆的，太阳是圆的，圆的球体似乎是宇宙间最完美的形状。那么，好奇的人就想，地球会不会也是圆的呢？月食的时候，月亮上的阴影也是圆的，这个阴影会不会就是地球的影子？

　　所以，在公元前 500 年左右，古希腊的很多学者都相信地球是一个球体。

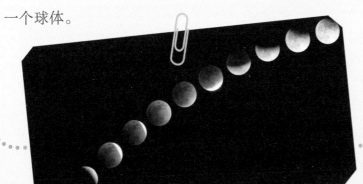

◀ 月食过程

井中的奥秘

地球既然是个圆球，那么这个圆球到底有多大？

这个想法很大胆啊！因为当时人们都只是在一个相对小的范围里生活，仅仅方圆几千米到几百千米，环球旅行要等 16 世纪才由麦哲伦实现。让人惊讶的是，有一位特别厉害的图书馆馆长，居然推断出了地球的周长，其数据和现在的精确测值相差非常小，有一种说法是两者相差不到 1%！那么，不做环球旅行，怎么能知道地球的周长呢？

"千年老二"

这位图书馆馆长叫埃拉托色尼（Eratosthenēs），生活在公元前200 年前后（约前 276—前 194 年），相当于中国的秦始皇时期。他和我们大家熟知的阿基米德是同一时代的人物，而且与阿基米德是好朋友。因为阿基米德太出色了，几乎掩盖了埃拉托色尼的光芒，所以阿基米德在古希腊被称为"阿尔法"，埃拉托色尼的外号则是"贝塔"。阿尔法是希腊字母表里的第一个字母 α，贝塔是第二个字母 β。

但是，这位"千年老二"埃拉托色尼是非常有智慧的人，他被称为"地理学之父"。他还是位数学家，他发明的素数筛子算法，直到现在还在被应用。另外，他还是一位非常有才华的诗人。当然，他最大的贡献是推算出了地球的周长。

埃拉托色尼数学和诗歌都很有名，被任命为亚历山大港图书馆馆长，相当于负责藏经阁的长老。下面就昵称他为"埃拉长老"，反正他的发型比较显老。

太阳底下无影子？

埃拉长老在阅读一本藏书的时候，发现在亚历山大港南面几百千米远的地方有一个城市叫 Syene（中文翻译为"赛伊尼"，现在是埃及阿斯旺），那里有一口很深的井，它有一个很神奇的现象，在每年夏至那一天（公历 6 月 21 日或 22 日）正午的时候，太阳正好在头顶上，可以照射到井底。也就是说，太阳在夏至的中午，照射到赛伊尼地面的角度正好是直角，直立的物体在太阳底下没有影子。一年当中只有夏至这一天的正午才这样，所以当地人觉得很神奇，就记录了下来。

埃拉长老很好奇："太阳底下无影子？这可是新鲜事儿。"他想看看这一天在他所在的亚历山大港有没有影子。当然，挖一口很深的井很费事。他就撸起袖子，在地上竖立了一根垂直于地面的棍子（在中国古文里叫"棰"），看是不是"立竿不见影"。最后他发现，在 6 月 21 日的正午，亚历山大港的"小棰棰"有影子！

这是公元前 240 年发生的事。

这是 17 世纪意大利画家画的埃拉托色尼。画中的地球仪其实很"穿越"，当时希腊还没有地球仪，这里是暗示他估算地球周长的贡献，翻书的情节则是暗示他从文献中获得赛伊尼没有日影的奇闻。

《埃拉托色尼在亚历山大城教学》
意大利画家 Bernardo Strozzi

埃拉托色尼的神算

"为什么同一时刻，一个地方有影子，另一个地方没有影子呢？"这是埃拉长老的疑问。

神奇的"小棰棰"

我们穿越回去，看看他怎么一步一步开动他的科学思维的。

他想到，太阳光是平行射到地球的，如果地球是平的，那么亚历山大港那天应该也没有影子。

▲ 埃拉托色尼的正午立棍测影实验

但是，亚历山大港那天正午有影子，所以地球肯定不是平的，根据前人的认知，它应该是个圆球。

埃拉长老根据影子的长度和"小棰棰"的长度的比例，算出来"小棰棰"和正午太阳光线的夹角是 7.2°。然后用简单的几何模型就可以推算出，射入亚历山大港和赛伊尼的两条平行的太阳光线，加上埃拉长老的"小棰棰"，三者的延长线组成一个 Z 形。

平面几何教会我们，平行线的内错角相等（Z 的两横是两条平行线，尖角是两个内错角），所以亚历山大港和赛伊尼各自到地球中心半径线的夹角是 7.2°。

学过几何，我们会知道一个完整的圆的弧度是 360°，7.2° 正

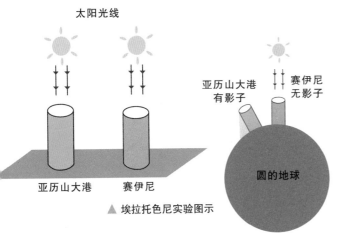

太阳光线

亚历山大港
有影子

赛伊尼
无影子

圆的地球

亚历山大港　　赛伊尼

▲ 埃拉托色尼实验图示

好是圆的 1/50。不过，即使你没有学过几何，不知道7.2°是什么意思，也没有关系，只要你吃过鸡蛋饼或者葱油饼就行。你把一块圆的鸡蛋饼或者葱油饼，平分成50等份，那个尖尖的角，就和埃拉长老测出来的"小棰棰"与太阳光的夹角一样大。

如果尖尖饼块的最外面一圈是1厘米宽，整个饼的周长是多少呢？1×50=50厘米。

如果我们知道亚历山大港和赛伊尼的距离，那么这个距离乘上50，就是整个"葱油饼"——地球的周长。

神一样的估算

埃拉长老一定要搞个水落石出。于是，他派人骑着骆驼测量出了这个距离是5000个 stadia（古埃及尺）。一个 stadia 是多长呢？有的文献说是183米，有的说是160米。如果1 stadia 是160米，那么5000 stadia 将换算成800千米，从而推算出地球的周长是40000千米。现代测量的地球周长是多少？横着量，绕赤道一圈的周长是40075千米；竖着量，从南极到北极绕一圈的周长是40008千米。误差小到惊人，真是神一样的估算。

埃拉长老用一根"小棰棰"、一双眼睛、一匹骆驼和一个大脑，在2000多年前就测算出了地球的周长。他依靠的是前人的一些观察和自己合理正确的假设。比如：

1. 古希腊人认为地球是圆球；

2. 他观察到太阳光线是平行照射到地球上的；

3. 文献中记录了赛伊尼在夏至的正午没有影子，太阳在天空正中心；

4. 他发现同一时刻在亚历山大港的正午有影子。

埃拉长老把这些看似零碎的信息综合起来，

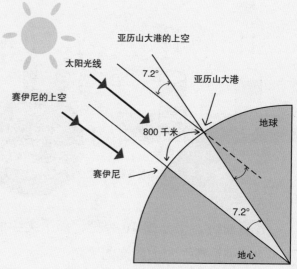

▲7.2°入射角，平行线的内错角相等

勾画出了一张天和地的大图。太阳光平行直射而下，因为球体曲面，造成相距 800 千米的两个城市一个有影子，一个没有影子。这两个城市是球体曲面上相距 7.2° 的两个点，而整个球体的弧度是 360°，360÷7.2=50，球体周长是这两个城市间距的 50 倍。

影子的"听众"

影子，这是在太阳底下司空见惯的现象，但是它的长短和变化，却暗藏着自然界的玄机。从某种角度来看，影子一直在提示着我们，试图把自然界的秘密告诉我们。但是只有细致而又好奇的人，才会领悟其中的奥妙。

《物理世界》期刊曾经评选过历史上最出色的十大物理实验，第七名就是埃拉托色尼测量日影估算地球周长的实验。

当埃拉长老测算出地球周长的时候，他是如何的兴奋，我们不得而知。但是，他肯定会把这个"地大"的发现告诉他的好友阿基米德：阿基老大，我算出地球的周长了！

而发现圆球体积计算公式的阿基米德会说："老尼，你太厉害了！这样我们就能算出地球的体积了。你去找一个支点，我把这个球给撬起来。"

于是，埃拉托色尼兴冲冲地去开创地理学，想给阿基米德找到一个合适的支点……

后继者

当我们回头再看这段科学的历史，其实有它的偶然性。

根据现代天文学，赛伊尼正好是在北回归线上，在赛伊尼以北的地方，不可能有太阳直射、影子消失的现象；而在赛伊尼及其以南的地方，才会在某一天看不到影子。有人恰好把这一现象记录了下来，又正好被埃拉长老读到，而埃拉长老恰恰是一个非常聪明的人，而且，在埃拉长老之前已经有人推测地球是一个球体了。

埃拉长老运气更"爆棚"的地方是，赛伊尼正好在亚历山大港的正南稍微偏东一点点，如果偏东或偏西很多的话，他的估算误差就会很大。比如，在夏至正午的上海测量影子，你会发现影子和亚历山大港一样长。但是，上海和亚历山大港相距了 8401 千米！埃拉长老的算法不灵了。

埃拉长老的这个漏洞是谁来补上的呢？

是 100 多年后古希腊最伟大的天文学家兼"补锅专家"喜帕恰斯（Hipparchus）。

喜帕恰斯发明了经度和纬度来标示一个地方的方位，南北方向用纬度，东西方向用经度。北回归线所在地是北纬 23.5°。正东或者正西两个地方，同一天正午的日影一样长，纬度是一样的。只有南北之间的距离才在埃拉托色尼的算法里有效。而埃拉托色尼测量的恰巧是赛伊尼和亚历山大港南北方位的大致距离。

好奇心

　　埃拉托色尼做科学研究的真正武器，并不是"小棰棰"，而是他的好奇心。因为好奇，所以他在得知赛伊尼夏至看不到日影的时候，自己动手去实验；因为好奇，所以他在测量到亚历山大港有影子的时候，想搞清楚为什么；因为好奇，所以他会派人骑着骆驼丈量 800 千米的漫漫长途。

　　埃拉托色尼的"小棰棰"早已湮灭在历史的尘土之中，地球的周长也是现今很容易就能查到的数字，简单的比例和乘除运算更是小学生就能掌握的算术。但是，**好奇心，是所有科学发明的第一原动力，永远引领着人类去探索未知的领域**。过去如此，现在如此，未来也如此。

三思小练习

　　这是一个阳光灿烂的中午，你给你远方的朋友发微信，说：伙计，快找一根一米长的木棍，垂直竖立在外面院子的地上，量一下影子有多长。

　　1. 你们俩量出的正午影子长度是不是一样？相差多少？

　　2. 学过三角函数的同学，用三角函数和影子长短的数据，算一下你和朋友所在的两个城市南北方向的纬度差。

埃拉托色尼与王之涣书

地中海的辽阔，须以海鸥的翅膀丈量，
鹳雀楼的雄伟，须以黄河和落日托起。
古希腊的竖琴和盛唐的羌笛如此之近，
一杯酒，就能化开时空的隔阂与距离。

驼铃声声，正循着尼罗河水而去，
不必追问潮涨与潮落。
每一个王朝都会在浪花里远逝，
只有太阳和影子伴着搏浪者的舟楫。

你的好奇和诗句已足够让我怦然。
来吧，到我的书馆来，
携上中土的圭表和风云。
我来告诉你，
深藏于碧空帆影里，大地的秘密。
你来告诉我，
春风在玉门关前，年年的遭遇。

第2讲

"一叶障目"的重大发现

——最早提出日心说的科学家

"一叶障目"里的秘密

在中国先秦道家哲学论著《鹖冠子》里有一句很有名的话："一叶蔽目，不见太山；两豆塞耳，不闻雷霆。"前八个字流传甚广：一片树叶挡住了眼睛，连面前高大的太山（泰山）都看不见，比喻被局部现象所迷惑，看不到全局，也比喻目光短浅。现在我们常说"一叶障目"。

这是战国时期（前475—前221年）哲学家的论述。

"阿里老师"

那么，"一叶障目"，除在哲理上的意义之外，还有什么玄机呢？

为什么一片小小的叶子挡在眼前，就看不到泰山这么高大的物体呢？

同样一件东西，离得远的时候看上去小，离得近的时候看上去大。**当一件东西看上去和另一件东西一样大，它们之间的大小和远近距离有什么关系呢？**

巧的是，在同一时期的希腊，也有一位聪明人发现了同样的现象。他叫阿里斯塔克（Aristarchus，约前310—约前230年，相当于中国的战国后期），生于希腊的萨摩斯岛，所以

▲ 阿里斯塔克雕像

被称为"萨摩斯岛的阿里斯塔克"。阿里斯塔克比阿基米德大 23 岁，比埃拉托色尼大 34 岁。这三位都是长寿之人，所以有 40 多年的交集。因为他比阿基米德、埃拉托色尼都大，我们下面称他为"阿里老师"。

视直径

阿里老师从这个现象中提炼出了数学的概念和公式：

一样东西看上去有多大，叫"视大小"，或者"视直径"。

当物体高度（直径）远远小于距离的时候，我们用物体高度除以距离，来近似表示这个视直径。

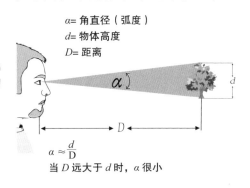

$\alpha=$ 角直径（弧度）
$d=$ 物体高度
$D=$ 距离

$$\alpha \approx \frac{d}{D}$$

当 D 远大于 d 时，α 很小

▲ 视直径的图示

一个物体离我们比较近，看起来就大，即视直径大。该物体离我们的距离越远，看起来就越小，即视直径越小。两个物体看上去一样大，它们的视直径一样大。

当一叶障目，正好看不见泰山的时候，泰山的视直径和叶子的视直径是一样的，泰山的高度除以它离开观察者的距离，等于叶子的高度除以叶子到眼睛的距离！

阿里老师发表了论文《论日月的大小和距离》，由此连发四弹，照亮了古希腊天文学的天空：推算了月亮的大小、月亮到地球的距离、太阳的大小、太阳到地球的距离，甚至大胆提出了"日心说"——太阳是中心，地球围着太阳转。这比哥白尼早了 1700 多年。而他所有的推断，最早很有可能是从"一叶障目"开始的。

阿里斯塔克第一弹

阿里老师在看到日食现象时就想到，月亮正好把太阳完全挡住了，说明月亮和太阳看起来一样大，月亮和太阳的视直径是一样的。那么，这个视直径是多大呢？当时的阿里老师并不知道太阳月亮的大小和距离。

我们可以取一枚银币，让另外一个人拿在手上，然后往后退，直到银币看上去和月亮一样大。这时候，银币的视直径是和太阳月亮一样大的。你量出银币的直径以及银币和你的距离，就知道这个视直径了，对吧？

神奇的108

▲ 日食现象，太阳和月亮的视直径一样大

阿里老师发现，银币的直径和距离比，大概是 1∶108。由此，可以推断出：

月亮到地球的距离大概是月亮直径的 108 倍；太阳到地球的距离大概是太阳直径的 108 倍。

这是阿里老师在

天文史上的第一个大发现。

而现代精确测量的结果是：

月亮到地球的平均距离大概是月亮直径的 110.7 倍；太阳到地球的平均距离大概是太阳直径的 107.6 倍。

大家注意这里"平均"两个字，因为地日距离和地月距离并不是固定的，而是有变化的。而且月亮有时看上去要小一点；有时候的日食是日环食，而不是日全食。

阿里老师当时用的是银币，还是树叶，还是当地盛产的葡萄？我们不得而知，但是他仅仅通过"一叶蔽目"和日食这两件事，就得到了日月这样的天体的重要比例。**他把银币、日月这些完全不同、天差地别的事物，抽象成几何上的图形和比例，找出它们之间的相似之处，并大胆想象，这是非常伟大的创意和发现。**

▲ 硬币和月亮的视直径比较

最早提出日心说的科学家

阿里斯塔克第二弹

数学老师白天看完日食，晚上（当然不可能是同一天）再来看月食。

月食的时候，月亮慢慢进入一个圆弧的阴影。那时候的希腊学者认为，这个巨大的阴影，一定是地球在太阳下的影子。月亮开始切入影子后，要等1小时零几分钟，才完全消失在阴影里。然后，在阴影里要逗留将近1.5小时才开始慢慢出来，再经过1小时零几分钟，月亮最终复原。

数学老师提问：谁能告诉我阴影和月亮的比？可惜没有人举手。在阿里老师的时代，只有他才知道答案。

月食背后的数学

阿里老师根据月食的持续时间和月球在阴影里移动的速度，估算出地球的阴影直径大约是月亮直径的2.5倍。

这个问题看起来难，其实很容易。我们来做一个类比：有一辆匀速开动的高铁列车，要经过一个隧道。从火车头刚进隧道时刻起计时，1分钟后火车完全进入隧道，再过1.5分钟火车头开始驶出隧道。那么，隧道的长度是不是火车长度的2.5倍？

阿里老师假设，因为太阳距离地球非常远，以至于地球在月亮

轨道上的影子与地球本身是一样大的。

所以，他算出来**地球直径是月亮直径的 2.5 倍。这是阿里斯塔克的第二大发现。**

阿里老师的假设"地球在月亮轨道上的影子与地球本身一样大"是不准确的。地球在月亮轨道上的影子，要比地球本身小一点。小多少呢？正好是一个月亮的大小。也就是说，如果地球影子的直径是月亮直径的 2.5 倍，那么，地球本身直径就是月亮直径的 3.5 倍。这个结果，是古希腊天文学家喜帕恰斯在 100 多年后发现的。

最早提出日心说的科学家

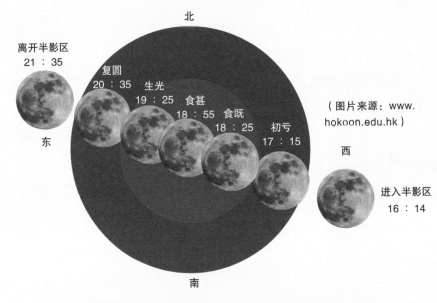

北

离开半影区
21：35

复圆
20：35　生光
　　　19：25　食甚
　　　　　18：55　食既
　　　　　　　18：25　初亏
　　　　　　　　　17：15

（图片来源：www.
hokoon.edu.hk）

东

西

进入半影区
16：14

南

▲ 2014 年 10 月 8 日月全食过程中，中间深色的圆是地球的本影

（地球挡住太阳时，在月球轨道上产生的影子有两部分：完全暗的部分叫本影，
半明半暗的部分叫半影。）

注：请读者留意一点：地图上左西右东，星空图上却是左东右西。

地图，是人从一个球外面往里看。形象一点来说，我们俯趴地上，上北下南的时候，正好左西右东。

星空图，是人从一个球里面往外看。形象一点来说，我们仰天躺着，上北下南的时候，正好左东右西。

喜帕恰斯的"补锅"，
学霸请移步上前

喜帕恰斯再一次给前辈"补锅"。

这个推导过程稍微复杂一点，留给想挑战自己的学霸们作扩展阅读和思考。

喜帕恰斯说：可以想象一下，我飞到浩瀚太空，当到达某一个位置 A 时，去看地球，地球刚刚好挡住太阳，就像"一叶障目"的那片叶子。

在 A 这个位置上，地球和太阳的视直径是一样大的，就是有 108：1 的比例的那个地方。

而阿里老师站在地球上的"C 位"，举头望月，月亮的视直径，也是一样大，也是有 108：1 的比例。

就这样，喜帕恰斯老师在看地球，阿里老师在望月。星空苍苍，月色茫茫，两位老师，各居一方（此处可以有《在水一方》的音乐响起）。

图中的 EF 就是发生月食时地球阴影的范围。

▲ 喜帕恰斯的几何证明：地球直径是月亮直径的 3.5 倍

初中的平面几何告诉我们，内错角相等的两根线平行（有没有找到反着写的"Z"字 BACD？两位老师 AC，各居一方）。所以，四边形 BCDF 是平行四边形。BC=DF=3.5DE。

现代精确的测量表明地球直径是月亮直径的 3.7 倍。

当其他古代人看到月食或者恐慌或者焦躁或者诗情画意的时候，当现代人看到月食忙着聚焦拍摄血红月亮奇观的时候，阿里斯塔克却沉迷于他的数学推算，并根据这个自然的景观估算月亮的大小。**大自然的规律，科学的原理，其实早已通过自然现象的本身，毫无保留地透露给了我们，而我们需要的是仔细而科学的观察、判断和推理。**

这里顺便提一件有趣的事：因为地球阴影直径是月亮直径的 2.5 倍，所以，地球上是不可能有月环食的。如果有人说他看到了月环食，那一定是撒谎，或者他生活在其他星球上。

阿里斯塔克第三弹

在对日食和月食进行观察和计算之后，阿里老师的目光仍然注视着天空。这一次，他又在看什么呢？

月食是在十五月圆时发生的，日食是在初一新月时发生的。在这两个时刻，太阳、月亮和地球在同一条直线上。那么，在初一和十五之间，月亮的脸一直在改变，它们之间有什么样的三角关系？这个三角关系又在暗示我们什么呢？

阿里老师看到上弦月、下弦月的时候，突发奇想：**月亮只露出一半的脸，日、月和地球应当形成一个直角三角形！**

这是阿里老师的第三个大发现。

半月隐藏的秘密

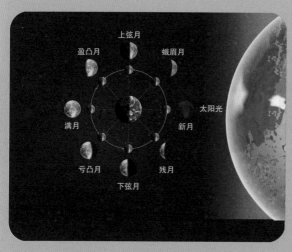

▲ 一个月中月相的变化

虽然每个人都看到了月相的变化，但阿里斯塔克却把宇宙中的天体抽象成几何图形上的关系，并发现了这个以地球、太阳、月亮为顶点的直角三角形。这是人类有史以来发现的最

大的直角三角
形之一，仿佛
是一把巨大的
量天三角尺，
真是石破天惊
的创意。

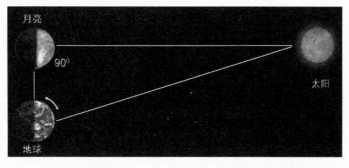

▲ 上弦月时，地、日、月的位置构成了直角三角形

对于这个
直角三角形，
只要测出其中一个锐角的角度，就能算出地日距离和地月距离的比
例了。

阿里老师利用当时简陋的仪器，测得地月和地日之间的角度 α
是 87°，算出地日的距离是地月距离的 19 倍，顺便推导出太阳直
径是月亮直径的 19 倍（根据他的第一个发现）。

阿里老师的结果有误差。实际的角度是 89° 50'，根据精确的
角度，可以算出地日距离是地月距离的 390 倍左右，太阳直径是月
亮直径的 390 倍左右。阿里老师的结论虽不精确，但其原理和研究
的方法是正确的。

他把地、日、月画在一起，发现太阳最大，月亮最小。

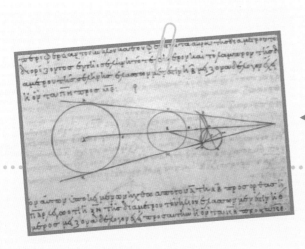

◀ 阿里斯塔克的论文《论
日月的大小和距离》中
地、日、月示意图（没
有按比例画）部分影印

阿里斯塔克第四弹

当阿里老师完成了日月的大小和距离的估算后，他并没有停止他的脚步，而是扔出了"破坏性"更大的一颗炸弹！

阿里老师推断说：宇宙间的星体，大的不可能围绕着小的转动。

太阳那么大，地球那么小，所以，一定是小小的地球围着太阳转，这才合理。而且，我们在天上看到的水星、金星、火星、木星、土星这五颗星，也都是围着太阳转的。月亮更小，所以一定是月亮围着我们地球转。

"星星星星亮晶晶"

地球除了绕日转动，自身也在转动，所以有了日出日落和白昼黑夜的变化。而我们在夜空看到的"星星星星亮晶晶"，都是一个个太阳式的恒星，只是因为离我们太远，才看上去这样小。所以，阿里老师的宇宙，要比当时地心说的宇宙，大很多很多。

阿里斯塔克的见解虽富于革命性，但他走在时代的前面太远了。在他的时代，他的日心说并没有多少支持者，连原始论文都没有流传下来，我们如今也是通过阿基米德的著作《数沙者》里面的转述才得以了解的。这个学说后来一直被指责为亵渎神灵，长期受到压制。

阿里斯塔克启示录

在阿里斯塔克所处的年代，实验测量仪器非常简陋，也没有多少可供参考的知识和经验。但是，阿里斯塔克通过观察自然，找到了自然现象里隐含的规律。

当别人"一叶障目，不见太山"的时候，阿里斯塔克却看到了日月之浩大旷远，宇宙之浩瀚无垠。

日食、月食、半月，这千万年来一直在上演的地、日、月"三角剧"，加上地球的影子和月亮的影子，都被阿里斯塔克睿智的双眼洞穿，成了配合他探索天文和宇宙秘密的合作伙伴。银币和三角尺，成了他量天测地的工具。

胆识过人：古希腊的"哥白尼"

其实，无论是银币还是三角尺，都不是阿里斯塔克真正的工具。在浩瀚的宇宙面前，在根深蒂固的地心说面前，阿里斯塔克可以说是凭一己之力与世俗对抗。后人把他称作"古希腊的哥白尼"，正是他的大胆想象和研究，为日后哥白尼的革命性论断打下了基础。

阿里斯塔克真正的武器，是"敢为天下先"的胆识。他的胆识，可以说是超越了时代1700多年！

风暴洋
哥白尼环形山
阿里斯塔克环形山

或许是不想让两位提出日心说的科学家过于孤单，人们在命名月球上的环形山的时候，让阿里斯塔克和哥白尼在不远的地方互相守望。当你看到它们的时候，请不要忘记遥遥缅怀这两位科学家的勇气。

三思小练习

1. 在月圆之夜，用硬币测量一下月亮的视直径。

2. 在上弦月和下弦月的时候，用简单的工具（硬纸板、量角器等）估算一下地日和地月之间的夹角是多少度。

3. 根据日、月、地三者的大小和距离比例，用简单的球状道具，按比例构建一个日、月、地模型。

萨摩斯岛的传说

少年时，你捡起一片落叶，
放于我指间。
上面有你的掌纹，芊芊绵绵。

时光总演出无奈的离别，
秋色依着竖琴声飘然落下。
每一次日月被吞噬，
我就将内心的星空默默丈量。

太阳在左，月亮在右，
我在《数沙者》的书页上遗落的孤独，
只有翻阅的风看得见。
也只有风知道，因为一枚落叶，
我把你和太阳，安放在宇宙的中央。

第3讲

北极不再指北？

——史上视力最好的天文学家

视力最好的天文学家

在中国古代神话故事中，有一位叫作"千里眼"的神仙（常常和搭档"顺风耳"一起出现），在《西游记》和《封神演义》中都出现过，可以放眼千里，明察秋毫。

在古希腊，也有一位眼力出了名的人物，不过不是神话中人，而是真实存在的人——他就是我们在前两讲提过的、给埃拉长老和阿里老师"补锅"的喜帕恰斯。

古希腊的天文学家为了观测星空，会去军队里找视力好的士兵帮助"仰望星空"和"寻找星星"。

如果有一个人，不仅视力超群，而且几何方面的理论知识出类拔萃，甚至科学推理的能力也是个中翘楚，这样的人去做天文学家，就好比姚明去打篮球，各方面条件都是得天独厚的。

喜帕恰斯（约前190—前125年）就这样带着光环登场了。我们可以亲切称呼他为"喜哥"。

▲ 喜帕恰斯

一表在手，星空我有

　　他是三角学（三角形测量学）的奠基人，当时所有和三角形有关的算法，要么是他发明的，要么是他非常娴熟的。所以他能够纠正阿里斯塔克的错误，算出地球直径是月亮直径的 3.5 倍，而不是阿里斯塔克说的 2.5 倍。我们现在中学里用的三角函数表，就是他开创的。对于发明三角函数表的喜哥来说，在星空下挥斥方遒，真是"一表在手，星空我有"。

等级森严的星空

据说有一晚，喜哥在天蝎座看到一颗陌生的星星。这颗星星非常暗淡，以前的文献中也没有任何相关记录。这到底是一颗新出现的星星，还是以前就存在，只是别人没看到？这事儿似乎说不清了。

喜哥决定制定"星空身份证"制度——绘制一份详细的星图，给天空中的群星登记造册，把满天星星"一图打尽"。

喜哥将恒星按照亮度分等级，最亮的 20 颗作为一等星，最暗的作为六等星，中间又有二等星、三等星、四等星、五等星。每相邻等级之间的亮度相差 2.5 倍——这都是靠眼睛来判别的，根本没有其他辅助仪器。当一般人还只能用"明"和"暗"来描述一颗星星时，喜哥已经把太空的星星按照亮度分成了六等。

巧妙分等级：请开始你的表演

那么，喜哥是怎么对星星进行分级的呢？视力再好也不能这样任性啊。他采用了一个非常巧妙的方法："星星们，给我一个一个出来列队！"

太阳西坠，晚霞映红了天空，当天色渐渐暗淡，最迫不及待的星星开始闪亮。第一批闪亮的 20 颗星星，被封为"一等星"。天色更暗，仿佛画家给天空涂上了一层墨，有更多的星星开始眨眼，这是"二等星"。随着夜色渐深，亮度更低的星星渐次登场，分别被赋予不同的等级，直到"六等星"，这是人类肉眼能识别的极限。

喜哥巧妙地利用大自然从黄昏到夜晚的天色变化，群星的次第出现，星星各就各位，自分等级。这个方法如此奇妙，甚至让人觉得不是喜帕恰斯在给星星分等级，而是星星自己在乖乖地给自己分等级。

经过喜哥的巧干加苦干，这份标有 800 多颗恒星位置和亮度的星图——"依巴谷星表"诞生了。喜哥和依巴谷是什么关系呢？实际上是同一人不同的音译。人名经希腊语翻译成英语、英语翻译成汉语的两次翻译，汉语译名与其母语的准确发音有很大出入，以至于有许多个不同的译名。其中，喜哥的中文译名中最流行的还是"喜帕恰斯"和"依巴谷"，在提到这名天文学家的时候，一般称其为"喜帕恰斯"，而在提到以其名字命名的卫星（如"依巴谷卫星"）和天文术语（如"依巴谷星表"）的时候，一般称之为"依巴谷"。

喜帕恰斯在 2100 多年前创立的"星等"的概念，经过改进和发展，一直沿用到今天。喜帕恰斯最伟大的成就，在于研究出一幅全新的、标有亮度等级的星象图。

我送你三百六十五又四分之一个祝福

一年有多少天？这是小学生都知道答案的问题，蔡国庆的一首歌更是家喻户晓，"一年有三百六十五个日出，我送你三百六十五个祝福"。

但是，对于古代人来说，这是个非常难的问题。日出日落为一天，这个很直观明了。可一年的周期很长，没有很直观的自然景象，通过春花秋月只能得到一个大概的、定性的认识，却无法准确定量。

我们在第一讲中讲到了日影。这个日影，就是古人最早用来测定一年长度的工具。每天的正午，日影最短。而一年四季中每天正午的日影都有细微的变化，夏至的日影最短（就是埃拉托色尼测量日影的那一天），然后渐渐变长，直到冬天的某一日变得最长，这一天称为冬至。冬至过后，日影渐渐变短，直到夏至，循环往复，周而复始。日影变化的这个规律，被古人发现，并用来制订历法。相邻两个夏至间，有 365 个日出日落，所以一年有 365 天。

除了夏至和冬至这两个日影最短和最长的标志日子，古人还发现了另外两个重要日期。在这两天，白天和夜晚的时间一样长，一个在春天，一个在秋天，分别称为春分秋分。夏至、冬至、春分和秋分，是古人根据对日影和昼夜长度的长期观察而确立的，是可以定量确立的日子。

你如果有了这样的知识，再穿越

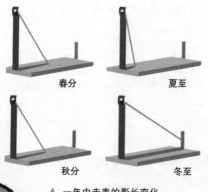

春分　夏至

秋分　冬至

▲ 一年中圭表的影长变化

到原始部落，是不是就能做史上第一个天文学家兼部落巫师了呢？

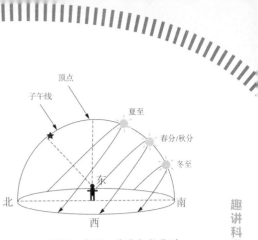

夏至、冬至、春分和秋分时
太阳在天空的位置示意图

一年不是365天

第一年，相信你的部民发现两个夏至间有 365 个日出，大家围着篝火欢庆。

第二年，相信你的部民发现两个夏至间有 365 个日出，大家再次围着篝火欢庆。

第三年，相信你的部民发现两个夏至间有 365 个日出，大家第三次围着篝火欢庆。

第四年，相信你的部民发现两个夏至间有 366 个日出，多了一天，怎么回事？巫师你要解释清楚！不然就烧烤了你。

别慌，你若是拥有喜哥的细致，便可成功穿越，免了烧烤之祸。

喜哥利用自制的观测工具连续做了几十年的观察和记录，并参照古巴比伦人的文献，统计了在 300 年间每年的天数，然后求平均，计算出一年为 $365\frac{1}{4}$ 日，再减去 $\frac{1}{300}$ 日。

所以，每过 4 年，会多一天，再过 300 年会少一天！这个数值，和现代天文测量的精确值相差 6 分钟，10 年才会累积差一小时，100 年累积差 10 小时。

这样细微的差别，要靠多么精细的观察和计算才能发现？！这也是后来从 16 世纪开始在日历中引入闰月、每隔 4 年在 2 月份加一天的原因。

"一年有三百六十五又四分之一个日出，我送你三百六十五又四分之一个祝福"，这样才是不打折扣的祝福！

百年春分动，岁差知多少

有了星图在手的喜哥可谓如虎添翼。他拿着这幅图对比前人的记录，发现了有一颗"一等星"——室女座 α 有蹊跷。

室女星的蹊跷

叫"喜哥"最大的福利，是要跟着喜哥做一个"追星族"，认识一下星空中的"明星"。

我们来找一找室女座 α 这颗星。它在古代中国叫"角宿一"。北半球春季的夜晚，在东南方向，沿着位于大熊座的北斗七星的斗柄和牧夫座的大角连成的曲线方向，向下就可以看到天空中这颗明亮的一等星。它在春天星空中扮演着非常重要的角色，是"春季大曲线"的尾部，是"春季大三角"的一个角，也是"春季大

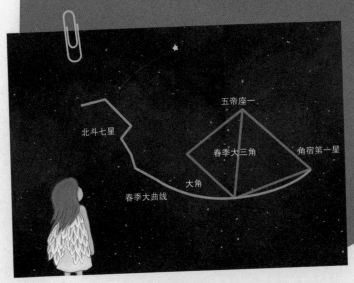

▲ 寻找室女座

钻石"的一个亮闪闪的顶点。

那一年的那一天正好是春分，那一夜正好有月食，当"夜黑星明"的时候，喜哥测量出了这颗星星和月亮中心的距离，发现这颗星星比 150 年前同一天记录的位置偏移了 1.5°。不仅如此，他发现全部恒星都从西向东均匀移动了 1.5°。这就意味着，春分时刻每年都要稍微提前一点，每 100 年移动 1°，他把这个现象称为"岁差"。

1.5° 在视觉上有多大差距？大概就是你伸直手臂看到的无名指指甲那么大的位移。

按照当时天文学家的观察和理论，在一年中的同一天同一时刻，星星的位置应该和很多年前是一样的，是不变的。而喜哥发现的是，春分那夜同一时刻室女座的位置和 150 年前相比，移动了 1.5°——150 年后的室女座 α，移动了无名指的指甲盖那么一点点，居然被喜哥发现了。而且，这个室女座 α 本来每天都在动，喜哥会留意到它在 150 年间的微小差异，这眼神太神了。

史上视力最好的天文学家

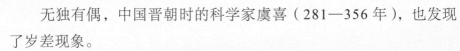

中国"喜哥"的发现

无独有偶，中国晋朝时的科学家虞喜（281—356 年），也发现了岁差现象。

与古代世界各地的人们一样，古代中国人也认为太阳绕地球运转。虞喜之前的中国天文学家都确信，太阳从去年冬至到今年冬至环行天空"一周天"，应该回到原来的位置。

虞喜通过观测发现"尧时冬至日短星昴，今二千七百余年，乃东壁中，则知每岁渐差之所至"。这段讲天文的古文，现代人不容易懂，我翻译一下其中几句：2700 年之前唐尧时代，冬至黄昏的时

昂宿

东壁

▲ 昂宿和东壁

候，南天正中的星宿为昂宿，在中国古代神话里，就是昂日星官那只大公鸡住的地方。在西方，它是金牛座里抱成团的"七姐妹"Pleiades。而它的日本名字也非常有名，叫 Subaru。

而在晋朝的时候，冬至黄昏，在南天正中的星是东壁。有名的飞马座（Pegasus）那个四边形，看着像房子，东边那条边叫东壁。在日本也很有名，是动画片《圣斗士星矢》里天马座星矢的腰。

冬至点在这 2700 年里，从大公鸡的家移到了星矢的家，大约移动了 50°，这才是真正的"乾坤大挪移"。

于是他得出结论：冬至点每 50 年偏移 1°。

这两位喜哥——名字里都有"喜"的科学家，相隔 400 多年分别独立发现了岁差现象，他们对天文的观察都细致入微。

我们顺便也看看 50° 是多少。伸直手，你的手指会告诉你大致的视直径。

按照当时的地心说，岁差现象是无法解释的。所以，喜帕恰斯和虞喜只是知其然，而不知其所以然。直到哥白尼时代，才证明这个漂动偏移的原因是地球自转轴的变化，而不是星星在运动。

在 1800 年后，牛顿用"陀螺论"来解释这种岁差的原因。因为引力和地球自身的不均匀，地球自转轴的方向像陀螺一样，逐渐漂移，它摇摆的顶部，以大约 26000 年的周期扫掠出一个圆锥。其中牵涉比较复杂的物理原理和计算，我们不再做深入讨论。

北极星不再指北

　　岁差造成的影响之一，是指示正北方的星星会随时间而慢慢改变。

　　目前，北极星是正北方星空的指示。但是，在公元14000年，天琴座内明亮的织女星将是正北方的指示。那时候，就不能唱"天上的星星参北斗"了，而是"天上的星星拜织女"，群星拱卫的将是织女星。而且，26000年是一个轮回，在公元前12000年，织女星就曾经在正北的位置上。

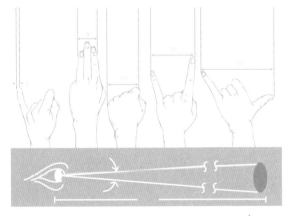

▲ 视直径度数的大概估计

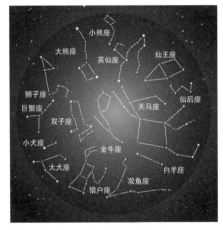

▲ 一月的星空

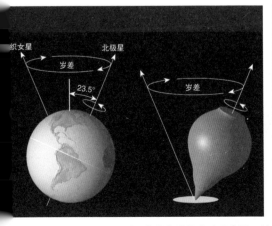

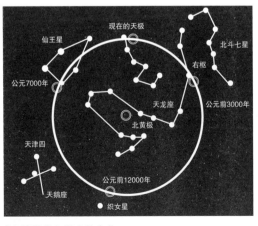

▲ 岁差和陀螺进动示意图，地球自转轴指向星座的变化

喜帕恰斯的武器

用一双明察秋毫的"千里眼"观察星空、洞若观火，是喜帕恰斯相比其他天文学家得天独厚的优势，也是他制胜的武器之一。

然而，**喜帕恰斯真正的武器，不是他的眼力，而是他的细致入微和见微知著。**

只有细致入微，才能发现埃拉托色尼和阿里斯塔克理论的漏洞——埃拉托色尼没想到经度和纬度在日影里扮演的角色，阿里斯塔克少算了一个月亮的直径。

只有细致入微，才能制定出"等级森严"的星图，让800多颗星星"按级"入座。

只有细致入微，才能发现一年有 $365\frac{1}{4}$ 日，再减去 $\frac{1}{300}$ 日。

只有细致入微，才能发现150年里星空中细微的岁差。

《中庸》里面有一句话，"致广大而尽精微"，意思是：达到宽广博大的境界，同时又深入到细微之处。这可以说是对喜帕恰斯最恰当的总结了。

三思小练习

1. 跟着喜哥的脚步，观察一下星星渐次出现的过程和不同亮度等级的星星。

2. 在冬夜里，找一下昴日星和飞马座。它们的距离就是虞喜观察到的，从唐尧时代到晋朝累积的岁差。

喜帕恰斯的星空棋局

待黄昏过后，
我便执白，与天空对弈。
明暗不一的星星，是我的棋子，
黑子下在何处，全凭想象。

最亮的天狼星适合开局，
再以猎户的三连星呼应，
飞马，金牛，摩羯，天鹰，
一一投入战场。

月亮在一旁，挑灯观战，
几片云拂过天宇，
定是风遣来搅局，
拈棋的手，方寸不乱。

八百颗白子次第投下，
胶着之态，越斗越酣，
等到凌晨最后一枚金星入局，
太阳用一片天光，把棋盘轻轻蒙上。

今晚，可有胆再来一战？

第4讲

尤里卡！尤里卡！

——裸奔的科学家

称象和洗澡

在中外的古代故事中，曹冲称象和阿基米德洗澡因为都和物理中的浮力有关，偶尔会被同时提起，并作比较。

曹冲称象在中国是一个家喻户晓的故事。《三国志·魏书》记载：

孙权给曹操送了一头大象，曹操想知道这头大象的重量，问道：对酒当歌，象重几何？

对酒当歌，象重几何？

可是，他的手下"对酒"和"当歌"都说：属下不知几何。

年仅五六岁的曹冲说：将大象放在船上，在船上刻下记号。再让大象下船，在船上装上大石头直至船下沉到同样的刻度。将这些石头的重量称出来，就能知道象重几何了。

此后千余年，曹冲就成了神童的化身。可惜后来曹冲12岁早逝，这个神童昙花一现。

我们再来看另一个故事。公元前3世纪，在现今意大利西西里岛上有个叙拉古王国。有一次国王希罗让工匠用金子打造王冠。金王冠做得极其精致，国王龙心大悦。可是有人告发工匠用银子偷换了王冠内部的部分黄金。国王派人称了一下，王冠的重量跟原来给工匠的黄金分毫不差。这工匠到底有没有偷金子呢？

国王请来了阿基米德（前287—前212年）：阿基米德，冠真几何？

阿基米德知道白银的比重比黄金轻，只要能算出王冠的体积，就能断定它是否是纯金的。可王冠形状极为复杂，雕满美丽的花纹，很难计算体积。他苦苦思索了许多天，一筹莫展。

尤里卡！

在一次盆浴时，阿基米德发现自己身体越往下沉，盆里溢出的水就越多。他突然悟到怎么测定王冠的体积了。于是他跳出澡盆，因为太过专注和兴奋，连衣服都顾不得穿上就跑了出去，大声喊着："尤里卡！尤里卡（古希腊语'我找到了'的意思）！"——因为想到一个好主意而欢叫起来，这很常见。但因此而裸奔，却是绝无仅有了吧。

他把王冠放到盛满水的盆中"洗澡"，然后称量溢出来的水，又把同样重量的金块放到盛满水的盆里，发现溢出的水比刚才溢出的少，说明王冠的体积比金块大。

密度＝重量÷体积

◀ 曹冲称象

裸奔的科学家

两者的重量一样，而王冠体积更大，这说明王冠的密度比金块轻，于是，他判定金匠在王冠中掺了假——把这个偷黄金的骗子抓起来！

　　这两个故事，常常被用来说明浮力定律。实际上，这是误会。如果仅仅看曹冲称象和阿基米德判断王冠掺假的故事，它们都没有证明浮力定律。这两个故事可以让科学发现的过程听起来很有趣，但可惜并没有揭示浮力本身的实质。

　　曹冲称象背后的物理原理是：如果称象和称石头时船下沉的深度一样，说明两次所载之物的重量相等。这种方式是先"化整为零"再"等量替换"，并没有证明浮力定律。

　　在称王冠这个故事中，阿基米德利用了水的柔性和无定形，来算出不规则形状物的体积。他其实只证明了一件事：相同材质、相同重量的物体所排开的水的体积相同。这里面也没有浮力定律。

▲ 阿基米德洗澡版画

好伟大的 "澡"

好在阿基米德进一步钻研了下去，他在洗完澡、帮国王审完案子之后，穿上衣服，做了大量实验。

大盆小盆版浮力定律

一个小盆放到大盆里面，给小盆倒满水后放进一个木块，这时一些水从小盆溢出流入大盆。他分别称出木块和溢出水的重量，惊奇地发现二者的重量竟然完全相同。然后他用蜡块等密度小于水的物体代替木块重复这个实验，每次的实验结果也是一致的，这表明它们遵循着相同的规律：轻浮之物之重 = 排出水之重。

他想，木块为什么不下沉呢？这是由于它受到水的浮力，这个力正好抵消了物体的重量。所以，轻浮之物之重 = 其所受的浮力。

阿基米德把上面两点结合起来，就是轻浮之物之重 = 其所受的浮力 = 排出水之重。

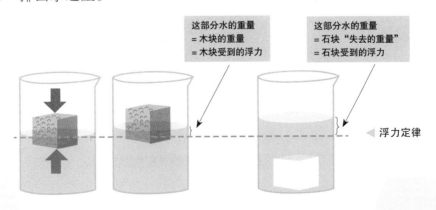

这部分水的重量
= 木块的重量
= 木块受到的浮力

这部分水的重量
= 石块 "失去的重量"
= 石块受到的浮力

浮力定律

解决了轻浮之物的浮力，那么，沉重之物呢？他又将一个石块放入水中，石块沉入盆底。此时他想：沉入盆底的石块是否受到浮力呢？如果石块受到浮力，怎样才能知道呢？阿基米德认真思索后产生了一个想法：如果石块受到浮力，它就会失去部分重量，就和洗澡时泡在水中感到身体轻了一样。当他把石块浸在水中称量时，预料的事情发生了：石块失去的重量，正好和溢出水的重量相等。即：石块所受的浮力＝排出水之重。

他换用铁块、铜块、金块（是国王奖励的）等反复进行实验，都得到这个结果。这样就证明了浸在水中的物体都受到浮力的作用，浮力的大小等于它所排开的水的重量。

这就是阿基米德发现的浮力定律，现在人们也把它叫阿基米德定律。

所以，阿基米德称王冠时看到水溢出来，不是真正的浮力定律。如果有一个"洗澡版"的浮力定律，它应该是这样的：

洗澡版浮力定律

阿基米德称自己的重量，假设是 100 千克。

然后站在放满水的浴缸里称自己的重量，是 80 千克。最后称溢出来的水的重量是 20 千克。

如果有一个"曹冲称象版"的浮力定律，它应该是这样的：
在一个很大的水池里放满水，放上一艘船，让水将溢未溢。

然后把大象赶到船上去。

最后称水池里溢出来的水的重量。这些水的重量就是大象的重量。

有了浮力定律，我们可以用比重比水大很多的钢铁制造船只，只要铁船的结构中间是空的，能够排空足够的水，使得浮力足够大，托得起船的重量。

山巅一寺一壶酒

阿基米德是古希腊时期百科全书式的科学家，他在物理学和数学上的贡献，都可以排进古今中外最出色的前列。在科学发展史上，他和牛顿标志着物理学和数学上的两个主要时代。

阿基米德在数学上的贡献，大部分和圆有关。圆的周长和面积，球的表面积和体积，都和一个叫作"圆周率"的常数有关。圆周率 π 就是一个圆的周长和直径的比率。

圆周率 π 的估算，在阿基米德之前都是这样得来的：

找一个车轱辘，用绳子量一下它的周长和直径，再用周长除以直径，你会得到直径为 1、周长大约为 3（"径一周三"）的结论。如果你也想估算圆周率 π，可以和古人一样试一下。

阿基米德想出了巧妙的办法，他是第一个用几何的方法寻求圆周率数值的人，走在了同行的前列。

割圆术

阿基米德想到：假如一个圆的直径是 1，圆的周长我们都不知道，但是，我们可以在圆内画一个蜂窝状的正六边形。这就好比把一块圆形鸡蛋饼的圆边切掉，留下一块正六边形的鸡蛋饼。这块六边形的鸡蛋饼的周长很容易知道，就是 3，要比圆的周长短——这就是"割圆术"。你要叫它"割鸡蛋饼术"也可以。

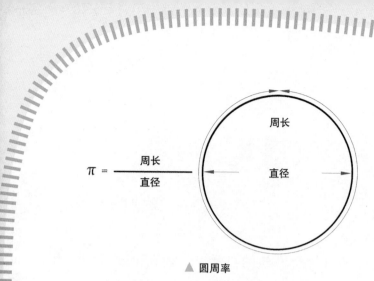

$$\pi = \frac{周长}{直径}$$

周长

直径

▲ 圆周率

然后，我们可以再在圆外面画一个外切的正六边形。这就好比找一个正六边形的盘子，正好把圆的鸡蛋饼（第一个鸡蛋饼已经割掉了，这是第二个）放上去。

这个六边形的六条边正好和圆相切，没有饼露在盘子外面。它的周长要大于圆的周长，阿基米德根据勾股定理算出来大约是 3.46。

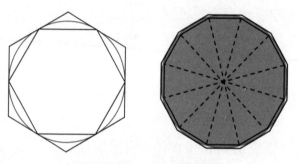

▲ 正六边形割圆术和正 12 边形割圆术

这两个正六边形把圆包裹了起来。圆的周长比里面的六边形长，比外面的六边形短，居于两者之间：

$$3 < \pi < 3.46$$

这个结果仍然不够精细。吃了两个鸡蛋饼的阿基米德继续想：既然正六边形还是不够接近圆，那就用正 12 边形，怎么构建这个正 12 边形呢？阿基米德与生俱来的数学才华放出了光芒。他从原点引出一条直线，把原来的正六边形的每一条边一分为二。这条线和圆相交的点，就是正 12 边形的顶点。

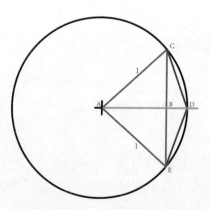

▲ 从正六边形到正 12 边形的构建方法

更厉害的是，阿基米德根据勾股定理，算出了正 12 边形边长 CD 和正六边形边长 CE 的关系：

$$CD=\sqrt{2-2\sqrt{1-\frac{CE^2}{4}}}$$

巧用毕达哥拉斯定律

这个公式具体的推导，主要用到 △ABC 和 △BCD 两个直角三角形的勾股定理，留给喜欢数学的读者去自我挑战，算出来的有奖品——四个鸡蛋饼。

阿基米德发现可以以此类推，切出正 24 边形、正 48 边形、正 96 边形，并算出了新的多边形（$2n$）的边长 L_{2n} 和旧的正多边形（n）边长 L_n 有这样的关系：

$$L_{2n}=\sqrt{2-2\sqrt{1-\frac{Ln^2}{4}}}$$

这其实就是现代数学里迭代的概念，先解正六边形，再解正 12 边形，再解正 24 边形……就像俄罗斯套娃一样，一个套一个。

阿基米德算到了正 96 边形，求出圆周率的下界和上界分别为 $\frac{223}{71}$ 和 $\frac{22}{7}$：

$$\left(3+\frac{10}{71}\right) < \pi < \left(3+\frac{1}{7}\right)$$

这个结果精确到了小数点后第二位：

$$3.1409 < \pi < 3.1429$$

阿基米德在这个过程中，不仅利用勾股定理找到了大的多边形（$2n$）和小的多边形（n）边长之间的关系，还采用了迭代算法和两侧数值逼近的概念。

中国古代的割圆

　　500 年之后，中国魏晋时期的数学家刘徽，在注释《九章算术》时，也发明了类似的"割圆术"，不过，他求的是内接正多边形的面积，即用正多边形的面积来逼近圆的面积，而不是求周长。

　　南北朝时期的科学家祖冲之非常佩服刘徽这个科学方法。他带

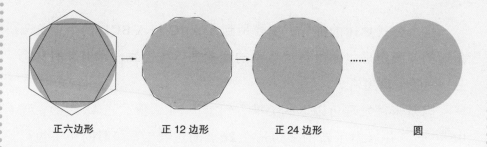

正六边形　　　　　正 12 边形　　　　　正 24 边形　　　　　圆

$$\frac{223}{71} < \pi < \frac{22}{7}, \quad 3.140845\cdots\cdots < \pi < 3.142857\cdots\cdots, \quad (n=96)$$

▲ 对圆的逐渐逼近

着儿子小暅（"暅"读 gèng，祖暅，后来也成了一位伟大的数学家），在房间的地上画了个直径为 1 丈的大圆，又在里边画了个正六边形，然后摆开许多小木棍计算起来。他夜以继日、成年累月，一笔一笔地割圆，一步一步地计算出正 192 边形、正 384 边形……以求得更精确的结果。圆割得越细密，正多边形面积和圆面积之差越小。他一直割到了正 24576 边形！

祖冲之从正 12288 边形，算到正 24576 边形，两者的圆周率相差仅 0.0000001。祖冲之知道从理论上讲还可以继续算下去，但实际上已经到他计算的极限了，只好就此停止，从而得出圆周率：

$$3.1415926 < \pi < 3.1415927$$

圆周率被祖冲之精确到了小数点后第 6 位。用当时的古文来说，圆周率"满数是 3 丈 1 尺 4 寸 1 分 5 厘 9 毫 2 秒 7 忽，不足之数为 3 丈 1 尺 4 寸 1 分 5 厘 9 毫 2 秒 6 忽"。后人把它称为"祖率"。

1000 多年后，德国数学家奥托才得出相同的结果。

有人用谐音把圆周率写成了一首诗，到了小数点后 22 位，诙谐而又便于记忆：

山巅一寺一壶酒（3.14159），尔乐苦煞吾（26535），把酒吃（897），酒杀尔（932），杀不死（384），乐尔乐（626）。

让我们在每年的 3 月 14 日（π 日）诵读这首诗，并敬"一壶酒"给古人，缅怀一下他们是如何把圆周率一点一点计算得更为精确的。

"别碰我的圆"

阿基米德经常因为研究而废寝忘食。走进他的住处，随处可见数字和计算式，地上则画满了各式各样的图形，就连墙上与桌上也无一幸免，都成了他的计算板。由此可知他旺盛和专注的研究精神。

传说他在临死时，还在研究一个圆的问题，他是如此专心致志，根本就没注意到旁边的罗马士兵正欲挥剑。他对士兵说："别碰我的圆！"

士兵拔剑刺进了阿基米德的胸膛，一位伟大的科学家就这样离开了人世。

很多人都听说过"给我一个支点，我就能撬动地球"，这是阿基米德在发现杠杆原理时的豪言。可是，更触动我的却是"别碰我的圆"这句话。

阿基米德的墓碑上，刻着一个"圆柱容球"的几何图形，即圆柱容器里放了一个球，这个球"顶天立地"，四周贴着边。在该图形中，球的体积是圆柱体积的 $\frac{2}{3}$，并且球的表面积也是圆柱表面积的 $\frac{2}{3}$，这是阿基米德最为得意的一个数学发现。

阿基米德的成功，源于他的天才和勤奋。而我们在这里要关注的是他的专注。无论是大喊"尤里卡"时的兴奋，还是临死前对研究的专心，都非常人可及。

▲ 阿基米德之死

裸奔的科学家

专注的威力

在房间内用上万条边的正多边形来求解，求出圆周率并领先世界 1000 多年的祖冲之，也同样专心致志。他的儿子祖暅，在求解圆球体积上贡献卓越，同样领先世界 1000 多年。史书上说他有巧

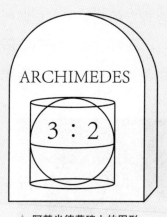

▲ 阿基米德墓碑上的图形

思入神之妙，读书思考时十分专一，即使有雷霆之声，他也听不到（当其诣微之时，雷霆不能入）。

他们的专注，是心无旁骛，是将所有的注意力像钻木取火一样集中到一个点上，直到擦出灵感的火花。他们的专注是"锲而不舍，金石可镂"。

马克·吐温说过："人的思想是了不起的，只要专注于一项事业，那就一定会做出使自己感到吃惊的成绩来。"一旦专注了，做鸡蛋饼都能做出让人吃惊的美味。

三思小练习

1. 跟着阿基米德做一下浮力定律的实验。

2. 用简单的工具和方法估算圆周率。

3. 用皮球和圆桶装水，来证明阿基米德发现的球柱体积比。这也是当年阿基米德使用的办法。

阿基米德的圆

把生命倾入圆中，
每割一段弦，
便更接近无限，接近圆满。
直到对死神的一声呵斥
——"别动我的圆！"
数学的王国，
自体内断为两截。
古希腊的杠杆，
从此，失去了支点。

令太阳和天空静止，把群星一一安排就位

——让地球转动的人

皇帝最怕的四个字

古人根据日月星辰的相对变化，推测地球是静止不动的，其他的星体都围着地球这一宇宙中心旋转，而且星体旋转的轨道是简单而又和谐完美的圆。这就是朴素的地心说。

但是，人们在观察星空的时候，以星座背景做参照，发现金星、水星、木星、火星、土星的运行轨迹很"奇葩"。比如，原本好好地向东运行，有时会先停下，后退向西运行几天，又恢复正常，由西向东运动。这种"倒行逆施"的轨迹和当时人们心目中最完美的圆形相差甚远，成为一个谜团，也引起了恐慌。

在中国，从公元前4世纪开始，古人就对这五颗行星的位置进行观测、记录和计算。他们把行星由西向东运行称为"顺行"；由东向西运行称为"逆行"；顺行和逆行的转折点，称为"留"；有时速度快，称为"疾"；有时速度慢，称为"迟"；有时能被肉眼看见，称为"见"；有时被太阳的光芒挡住，称为"伏"。古人甚至把行星的这些异常运行和天灾人祸联系起来，看作上天给人间的暗示和预兆。

所以，在中国古代的史书上，有四个字是所有人的忌讳。它代表着要发生天大的事而且是天大的坏事——"荧惑守心"。

什么是"荧惑守心"

"荧惑"就是中国古代对于火星的称呼，火星颜色发红，荧荧似火，火星的运行轨迹和亮度变化不定，令人迷惑，所以叫作"荧惑"。

火星有时会"逆行"。"逆行"时留在哪个星宿区域，就叫"守某星"。"心"是指二十八宿中的心宿，心宿二就是天蝎座那颗最亮的星"大火"——《诗经》里"七月流火"的"火"。

倒行逆施的行星

中国古人很淳朴地认为，一旦出现"荧惑守心"天象，轻则君王失位，重则天下大乱。总之，火星一逆行，准有人倒霉。秦始皇三十七年出现"荧惑守心"，第二年始皇驾崩；汉高祖十二年春出现"荧惑守心"，当年四月汉高祖驾崩。古代人对于"荧惑守心"的恐

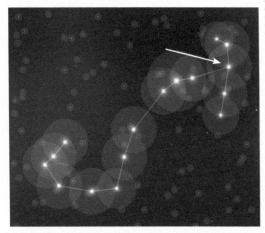

▲ "荧惑守心"的"心"

慌，归根结底是对地心说的崇信。历史上甚至还出现过为了扳倒政敌而假传"荧惑守心"的事情，很多人竟然信了。

东方西方根据星象和变化，各自独立发展出了占星术，即使在现代人中还有一定的市场。但是，**抛开占星术中把星体运行位置和人的运势联系起来的伪科学和迷信之处，星体本身的运行规律，是古代人对于星空观察的记录和总结，有一定的参考价值。**

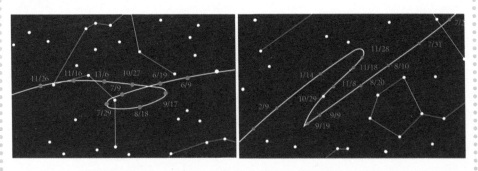

▲ 2003年和2005年火星的"逆行"（每隔10~20天半夜的火星位置）

"托轮天王" 的轮子

　　古希腊的天文学家托勒密（约 90—168 年）为了解释这种天体运行中忽前忽后、时快时慢的现象，提出了"地球偏中心，轮中还有轮"的观点。

　　首先，地球并不在这些"绕地"星体轨道的中心，而是偏离圆心一点距离。因为不在圆心，所以星体的运行看上去"时远时近"。

　　那些逆行的天体，它们除绕着地球转一个大圈圈之外，还在绕一个"假想的目标"转小圈圈。你可以在家里通过做"两只蝴蝶"的游戏来理解托勒密的理论：

　　你在房间中央站着唱歌："亲爱的，你慢慢飞，小心前面带刺的玫瑰。亲爱的，你张张嘴，风中花香会让你沉醉。"

　　"蝴蝶爸爸"围着你不停地转一个个大的圈圈。然后，"蝴蝶

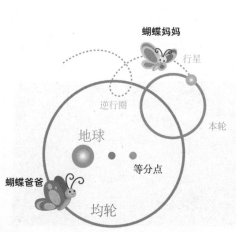

▲ 用"两只蝴蝶"的游戏来模拟本轮和均轮

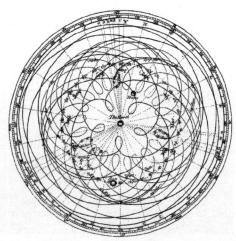

▲ 轮子密布、运行复杂的托勒密模型和星球次序

妈妈"围着爸爸转小圈圈。你看"蝴蝶妈妈"的运动是什么样的呢？是不是忙忙碌碌"一会儿往前一会儿往后"，像穿花插柳般好看？"蝴蝶爸爸"转的圈圈叫"均轮"（Deferent），"蝴蝶妈妈"转的圈圈叫"本轮"（Epicycle）。

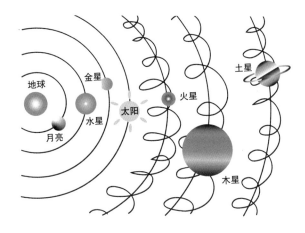

▲ 托勒密的"本轮"和"均轮"

这就是托勒密的地心说的"轮子"理论。

乍看之下，托勒密的理论还挺合理的，能够解释行星逆行的现象。

托勒密在《天文学大成》中建立了他的"轮子套轮子，呼啦圈套呼啦圈"地心体系。后来，基督教发现这个学说和《圣经》中关于天堂、人间、地狱的说法刚好吻合，处于统治地位的教廷便竭力支持地心说，把地心说和上帝创造世界融为一体。因而地心说被教会奉为和《圣经》一样的经典，长期居于统治地位。

让地球转动的人

西方的科学史（特别是天文史）在古希腊时期经过几百年的爆发式发展，仿佛一下子释放完了能量。在托勒密之后1000多年，太阳照样升起，而人类的科学停滞

▲ "托轮天王"托勒密

不前。之后的1000多年几乎是空白……后人所做的也仅仅是对这个"轮子"模型修修补补，多加几个轮子而已。

他让地球转动，令太阳和天空静止

在托勒密之后的许多个世纪里，大量的观测资料累积起来了，只用托勒密的"本轮"不足以解释天体的运行，需要增添越来越多的"本轮"。后代的学者致力于这种"补轮子"的工作，使托勒密的体系变得越来越复杂，每个行星需要不止一个本轮。最后轮子的总数达到了 80 以上。

在科学发展史上，当一套理论越来越复杂，越来越多的新观察结果和它偏离，那就是到了该重新审视这个理论的时候了。

但是，从公元 2 世纪开始，经过 1400 多年的灌输甚至可以说是洗脑，托勒密的理论不仅根深蒂固，而且和宗教结合起来，几乎成了"天条"，任何异议都会被视为异端邪说。所以，对于托勒密地心说的质疑，不仅需要大智慧，更需要"虽千万人吾往矣"的绝世勇气。

有一个人就在这样的历史大背景下，喊了一声"群轮乱舞，我不服"，提出了与托勒密地心说对立的地动说（也就是"日心说"）。

这个人，就是文艺复兴时期伟大的波兰天文学家和数学家哥白尼（1473—1543 年）。哥白尼在意大利完成学业，并获得教会法博士学位，在数学、医学、天文学方面都有很深造诣。实际上，哥白尼的天文学和数学是业余研究，他真正的本职工作是神父，教会中层的神职人员。

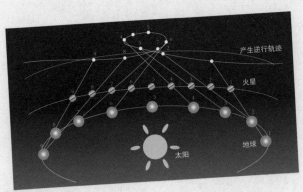

产生逆行轨迹

火星

太阳

地球

◀ 哥白尼的日心说对逆行的解释

对逆行的解释

哥白尼发现托勒密的体系太复杂了，好比人走到了死胡同。他就跳出原来的框架，想：如果地球不是中心，而太阳是中心的话，会是什么样的情况呢？

在这种情况下，地球和其他行星都绕着太阳运行。我们从地球上看其他行星，将会怎么样？

哥白尼通过建立模型和计算，发现行星逆行的难题一下子迎刃而解了。

如果地球和火星都在绕太阳运行，而且两者的运行速度不一样，地球跑得快，火星转得慢，地球自然会在某个时间点超过火星。这个时候，地球上的人就会产生火星在逆行的错觉。看看前面的示意图便一目了然。

当地球在轨道点1、2、3时，火星在前面，火星在夜空的投影显示它是一直在往东飞行，这就是"顺行"。

从即将追上的点4，到擦肩而过的点5和挥手告别的点6，地球超越了火星，火星在夜空的投影显示它转而向西飞行，这就是"逆行"。

在哥白尼的理论体系中，地球是"快马"，而火星是"老牛"。"快马"超过"老牛"的时候，骑在"快马"上的人就会觉得"老牛"好像在后退（逆行）一样。

所以，火星在天幕背景上的运动，实际上是一种"视运动"——视觉上看上去是这个样子的运动，其实并不是火星真正的运动轨迹。它是一种视觉上的错觉，是地球和火星的绕行速度不一样而造成的。

从"地心"转向"地动"，颠覆的是思维的天地和认知的宇宙。

在哥白尼的故乡有一座他的雕像，基座上写着"他让地球转动，令太阳和天空静止"。这是对哥白尼确切而又充满诗意的评价。

把群星一一安排就位

　　哥白尼不仅仅是简单地提出了一个概念，让太阳居于中心，让地球动起来，还利用他的数学才华，把各大行星一一"安排"到各自的轨道，计算出它们的绕日公转周期：

　　水星 88 天（地球日）绕日一圈，金星 7 个半月（地球月），火星 2 年（地球年），木星 12 年（地球年），土星 30 年（地球年）。

　　公转周期越长，行星离太阳越远，因此，土星离太阳最远，木星次之，火星则是三者中离太阳最近的行星。而地球的周期是 365 天，显然比火星还靠近太阳。

　　对于金星和水星一直没有环绕整个天空，只在太阳附近摆动的问题，哥白尼是第一个给出正确解释的人：因为两者的轨道都在地球的轨道内。在视觉上，金星只在太阳的东方至西方 47° 范围内摆动，水星则是在 28° 内。

又是一个直角三角形

　　这是哥白尼计算金星与太阳之间的距离用到的几何模型。当我们在天空观察金星，它在天空最高点的时候，就是我们的视线和它的轨道外切的时候。此时，太阳、地球和金星形成了一个太空直角三角形，我们可以测出这个"日地"和"金地"的夹角。这和当年阿里老师的思路是类似的。因为我们已经从古希腊科学家的算法中得到了地日距离，所以很容易就能算出"金日"距离。

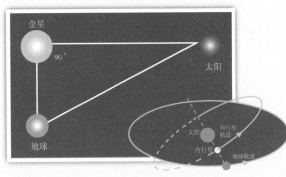
▲ 金、日、地直角三角形

和阿里老师的日心说相比,哥白尼把模型更加具体化,而不仅仅是给出一个粗略的概念。他把太阳、地球和当时已知的各个行星,一一"安排"进了他的日心说模型,写成了《天体运行论》。

为了解决行星运动的不规则问题,哥白尼还是用到了一系列的本轮和小本轮,有 30 多个。

虽然后来证明宇宙中心、完美圆形和本轮等概念不对,但不可否认,他的《天体运行论》是现代天文学的起步点。

因为这个理论和当时教会所持观点相背,所以哥白尼直到临死之前才发表他的成果。

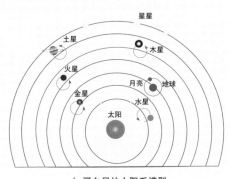
▲ 哥白尼的太阳系模型

天体运行论

地球只是月球轨道的中心,并不是宇宙的中心。
所有天体都绕太阳运转,宇宙的中心在太阳附近。
地球绕其轴心自转。
从离开太阳的距离算,由近到远次序为水星、金星、地球、火星、木星、土星。
地球和其他行星围着太阳绕行的轨道是完美的圆形。

科学质疑的力量

20世纪著名的哲学家卡尔·波普尔认为，**科学就是不停地质疑，直到完善人类知识。**

哥白尼能够在地心说这个沉重而厚实的千年铁幕下，劈开一条缝，迎来科学的曙光，他最锋利、最强大的武器是他的质疑精神。**他是经过神学院教育和训练的神职人员，是神父和教会法博士，所以，他对地心说的质疑更加难得，更加珍贵。**他的日心说，彻底颠覆了传统的地心说思想，其变革意义非凡，影响深远，在人类科学发展史上具有非常崇高的地位，被称为"哥白尼的革命"。

非常有意思的是，哥白尼的理论中不合理的部分（行星的轨道是完美的圆形），后来又被开普勒质疑并推翻，从而使得日心说更加完善，获得了更多人的承认。

毫无疑问，正是哥白尼这样的批判和质疑精神，一次又一次地推动了人类认知以及科学的进步。

1. 用几个球或者剪成圆形的纸片，做一个简单的太阳系模型。

2. 把黑板看作天幕背景，三名同学分别扮作太阳、地球和火星，地球和火星绕日公转。另外一名同学在黑板上记录火星的投影。看看能不能得到"逆行"的轨迹。

科学也诗意

哥白尼的革命

大地居于中央，垂拱而治，
星如恒沙密布，
天宇中，辚辚滚动着托勒密的均轮本轮，
千年封闭的铁幕，蒙住了质疑的眼神。

揭竿而起，
质疑，是最锋利的剑。
一双"白"手捧出《天体运行论》，
由数学盖上严密的玺印。
"地动"兴，"日心"王，
将太阳王归位，扶正。

偌大的天空中，
墨丘利、维纳斯、地球、
马尔斯、朱庇特、萨敦……
终于各就各位，一一俯首称臣。

第6讲

从"星学之王"
到"天空立法者"
——行星运动三大定律

数据大亨"金鼻子"第谷

通过喜帕恰斯的故事，我们见识了一位视力超群的天文学家。在古代，视力好并不一定是成为一个天文学家的必要条件，但对其职业成就绝对是加分项。

而这一回的主角，因为小时候得过牛痘，所以视力很差。但他却是历史上一位毫不逊色于喜帕恰斯的天文学家，哥白尼的日心说因为他的定律而更加完善，牛顿的万有引力定律也得益于他开创性工作的铺垫。他就是在哥白尼逝世 28 年后出生的德国人开普勒（1571—1630 年）。

要说开普勒的成就，一定要先介绍他视力超好的老师——丹麦人第谷·布拉赫（1546—1601 年），当时欧洲天文学界赫赫有名的人物。

第谷岛主的六大名声

第谷有名，第一是因为他好争斗。他年轻时曾经因为和人争论数学问题而决斗，被砍掉了鼻子，后来用金银做了个假鼻子——有没有看到塑像上他的鼻子有点特别？

▲ 第谷·布拉赫

第二是因为他有钱，很有钱。第谷在他伯父死后继承了一大笔财产，其价值大概是当时丹麦总资产的百分之一。

第三是因为他有土地，而且土地很大。丹麦国王送了他一个岛——汶岛，有 7.5 平方千米。他就是汶岛"岛主"。

第四是因为他在汶岛上建立了天文观测站，而且是两个。第谷将其中一个发展成科学研究中心，有上百位有志于天文学的学生和科研人员在那里工作。

第五是因为他观测到了"仙后座"的一颗超新星爆炸，揭示了亚里士多德"完美永恒星空"的错误，而他自己也成为整个欧洲天文界的超新星。

第六是因为他有当时天文观测的数据，而且是精准"大数据"。第谷所做的天文观测精度之高远超同行，达到了 1 分（就是 $\frac{1°}{60}$）。1° 的差别就是伸直手看到的小手指指甲那么点宽度。1 分就是小指甲的 $\frac{1}{60}$。这是让他的同行望尘莫及的。第谷编制的恒星表相当准确，至今仍然有使用价值。他的视力欠佳的弟子开普勒就是在他的观测数据基础上，提出了"开普勒三定律"。

第谷是最伟大的一位、也是最后一位用肉眼观测的天文学家，被誉为"星学之王"。就其用肉眼观测的水平而言，喜帕恰斯可能是唯一可以和他相提并论的。

为什么是最后一位呢？因为他的弟子开普勒的天文成就虽然比他还厉害，但是开普勒不需要观测天空，只需要看第谷的数据就行了。而且，后来没过多久，伽利略发明了望远镜，从此观测天空就不再依靠肉眼了。

在第谷的时代，虽然哥白尼的日心说已经发表了，但是第谷无法接受"地球在转动"的想法。

第谷岛主的模型

他提出了一个"太阳引领行星绕地球转"的模型,试图折中日心说和地心说:所有行星都绕太阳运动,而太阳率领众行星绕地球运动(月亮是单独绕着地球运行的)。

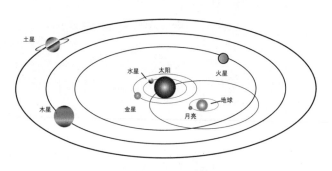

▲ 第谷的宇宙模型

第谷的体系属于地心说,在17世纪初传入中国后曾一度被接受,在清代成为中国"钦定"官方天文学,在欧洲也曾领一时风骚,影响甚至超过哥白尼。

左图是17世纪意大利天文学家利奇奥里《新至大论》里的一幅画。那时候,托勒密的地心说已经被弃之路旁,第谷的宇宙模型显然比哥白尼的日心说分量更重。这虽是一家之言,却也可见第谷当时风头之健。

▲ 天文学家利奇奥里所著《新至大论》里的一幅画,显示了第谷宇宙模型在17世纪的地位

很多理论和学说,在当时特定的情况下,难分对错。双方都是极有才华之人,我们后人不能以成败论英雄。第谷提出的这个宇宙模型,也是充满了灵感和智慧的。

开普勒第一定律：
圆己经不再是原来的圆

第谷死后留下了 20 多年的观测资料和一份精密星表，这就是开普勒得到的科学遗产，也是他从中发现三大定律的宝藏。

作为第谷的弟子，开普勒坚定地相信第谷数据的精度和准确性，但同时，他也坚定地相信哥白尼的日心说。

哥白尼日心说虽然有"开天辟地"之地位，但是其中的细节仍然有缺陷。他的行星轨道依然被完美的正圆"支配"着，这使得他的模型和很多实际观测并不符合。

开普勒对第谷观测的火星数据进行了九年的分析计算，发现第谷的观察结果与哥白尼的理论并不完全一致，它们的轨道相差 8 分。

会不会是第谷弄错了呢？是丹麦汶岛上寒冷的冬夜把第谷的手指冻僵了，或者是他废寝忘食太久以至于观测不准确了？

在哥白尼的理论和老师的数据之间，开普勒选择相信谁呢？

当然是老师！

开普勒对哥白尼的圆形轨道的假说产生了怀疑。他通过不断试错，从数据中算出火星的轨道并不是传统认为的完美的圆形，而是有点像卵形或者是踏扁的圆。

开普勒大胆提出，行星的轨道

▲ 视力很差的天文学家开普勒

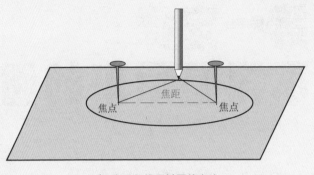

▲ 木工师傅画椭圆的方法

是椭圆，而不是正圆。这在历史上是一个非常大胆的设想，可以说前无古人。因为以前所有的天文学家和哲学家，都认为天体是以宇宙间最完美的圆形运行的。

椭圆是人们现在比较熟悉的几何图形。我们可以从木工师傅那里学到它的机械画法：在木板上先定出两个点，钉上钉子，取一段定长而无伸缩性的线，把它的两端固定在钉子上，用铅笔套在里面，然后把线拉紧，慢慢移动铅笔，这样画出来的曲线便是一个椭圆。

偏心的行星

这个画法告诉我们，椭圆上的任何一点到两个定点的距离之和保持不变。两个定点叫作椭圆的焦点，焦点之间的距离叫作焦距。描述椭圆有多扁的参数，叫偏心率，它是焦距和长轴的比率。偏心率越大，椭圆就越扁。当偏心率是0时，图形就是正圆——原来哥白尼和所有前代的天文学家，都犯了"不偏心"的错啊。

开普勒以观察数据为依据，归纳出了开普勒第一定律。

每个行星只需要用一个椭圆，日心说的模型得到了极大的简化。哥白尼模型中的几十个本轮也不再需要了。开普勒"踩扁"了行星的轨道，开辟了天体运行的新规则。

开普勒第一定律不仅适合当时已经发现的六大行星，之后发现的行星也完全遵照这个定律。就连太阳系外的行星，其绕着恒星运行的轨道，也是椭圆形的。这个定律，放之四海而皆准。宇宙间所有天体的运行，都是"偏心"的，只是每个的偏心率不同而已。

由于水星距离太阳太近，肉眼很难观测到，而在当时已知的六个行星中，火星轨道的偏心率是除水星之外最高的，也就是说是最扁的，所以，开普勒以火星轨道作为研究的突破口，也是运气好。

地球轨道的偏心率是 0.0167。为了给大家一个简单的认识，我们来看地球近日点的距离是 147098070 千米，远日点的距离是 152097700 千米。这个椭圆还是比较圆的。

古希腊的天文学家喜帕恰斯，当年就已经发现地球到太阳的距离是变化的。

你猜猜地球在夏天离太阳近，还是冬天离太阳近？

答案是冬天！地球四季温度的变化，主要是由地球的倾斜、太阳光入射角不同造成的，地日距离的影响微乎其微。

太阳系行星的偏心率

行星	偏心率
水星	0.2056
金星	0.0068
地球	0.0167
火星	0.0934
木星	0.0484
土星	0.0542
天王星	0.0472
海王星	0.0086

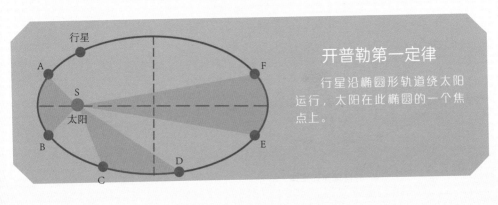

开普勒第一定律

行星沿椭圆形轨道绕太阳运行，太阳在此椭圆的一个焦点上。

开普勒第二定律：
转也不再是原来的转

实际上，开普勒是先发现第二定律而后发现第一定律的。只是最后为了在逻辑上更适合表达（先定义轨道，再定义速度），才称之为第二定律。

开普勒通过数据发现：火星的速度并不稳定。火星接近太阳时，速度快；远离太阳时，速度慢。

他做了细致计算后，居然发现更玄妙的事情。火星和太阳连线在一天内所"扫"过的面积是相等的。从这个发现，他推演出了开普勒第二定律。

比如，火星从 A 转到 B 花了 2 个月，从 C 转到 D 花了 2 个月，从 E 转到 F 也花了 2 个月，那么，△SAB、△SCD、△SEF 的面积正好相等。

这个面积定律让大家惊愕：开哥啊，这是什么情况？难不成行星自己会测量面积吗？

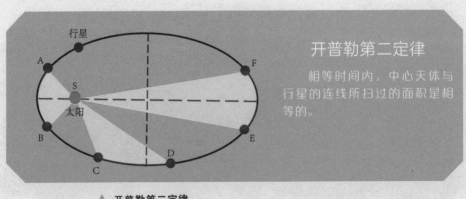

开普勒第二定律
相等时间内，中心天体与行星的连线所扫过的面积是相等的。

▲ 开普勒第二定律

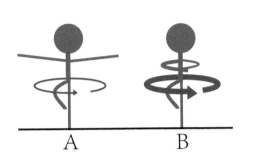

虽然开普勒发现了这个定律，但是他并不知道这个定律从何而来，想不出面积定律背后所暗示的物理学机制。

其实，开普勒第二定律，是"角动量守恒"，看花样滑冰运动员转圈就能明白其中的道理了。

当滑冰运动员张开双臂的时候，她的转速慢，当她抱紧双臂时，转速就快。

滑冰运动员演示第二定律

同样道理，火星绕口运行时，就好比滑冰运动员在转圈。火星

半径大
角速度小

半径小
角速度大

角动量是转速 × 半径，角动量守恒说明在没有外力的情况下，这两个值的乘积是守恒不变的。
张开手臂时，半径增大，所以转速减慢；
收紧手臂时，半径减小，所以转速加快。
转速 1（慢）× 半径 1（大）= 转速 2（快）× 半径 2（小）

在轨道上远离太阳时，就是张开手臂，速度变慢；接近太阳时，就是收拢手臂，速度变快。

当我们乘以一个时间量 T 后，有等式：

转速 1 × T × 半径 1 = 转速 2 × T × 半径 2

这个等式两边前两项的乘积，就是在时间 T 内的行程。再乘上半径，可以大致看作在时间 T 内扫过的面积。当时还没有发明微积分，开普勒求解这个不规整的扇形的面积，一定是用了近似的方法。

因为角动量守恒，所以面积守恒，也就是开普勒第二定律里的面积不变了。

开普勒第二定律以极美妙的方式，不期然地改变了自古以来人们认为行星运行速度始终一致的信念，行星的加速或变缓，跟它与太阳的距离呈完美的比例。

开普勒第三定律：
揭露数据里深藏的秘密

如果说开普勒的第二定律让人难以理解，那么第三定律就更让人"眼镜碎了一地"。这个定律是他花了 10 年工夫发现的。

开普勒一直认为，行星在整体上有某种和谐的规律。前两个定律，只是发现了一个个行星单独运行的规律。那么，各个行星的轨道和周期之间的规律是什么呢？

哥白尼发现，离太阳越远的行星，公转周期越长。但是，它们在定量上有什么规律？

开普勒知道，火星与太阳之间的距离是地球与太阳之间距离的 1.524 倍，而火星绕日一圈的时间长度是地球一年的 1.881 倍。

开普勒的数学才华和从数据中找出规律的能力，在历史上是绝无仅有的，可以说是在 16 世纪就能做"大数据"处理的人。

于是对老师的观测数据十分信任的开普勒，提出了第三定律。

我本来想一步一步跟着开普勒，向读者演示他发现第三定律的

对数据非常有直觉和领悟力的开普勒发现：
$1.524 \times 1.524 \times 1.524 = 1.881 \times 1.881$
其他行星的状况也是如此，等式左边的数字是行星与太阳的距离与地日距离的比，等式右边的数字是行星的公转时间与地球公转时间的比。
水星：$0.387 \times 0.387 \times 0.387 = 0.241 \times 0.241$
金星：$0.723 \times 0.723 \times 0.723 = 0.615 \times 0.615$
木星：$5.203 \times 5.203 \times 5.203 = 11.862 \times 11.862$
土星：$9.534 \times 9.534 \times 9.534 = 29.456 \times 29.456$

过程。但是，对于这个定律，我们只能拜服开普勒的天才了。他当年看着距离 d 和周期 T 的数字，一定是像对着三根大萝卜（d）和两只兔子（T），左看右看上看下看，最后灵感闪现，发现了其中的规律吧！这是开普勒的"尤里卡"时刻！

怎么会这样呢？怎么会有这样的"距离立方和周期平方"的关系？

行星及其运行轨道可以有无限种可能，但是，为什么会有如此令人难以理解的平方和立方关系呢？

开普勒打开了一道玄妙的门，却不知道这代表着什么意思。

这个第三定律，实际上暗示了牛顿的万有引力定律，要等到牛顿出现才能证明。

其实，哥白尼完全有机会发现这个定律。行星的轨道半径和周期，哥白尼都已掌握，即便有点误差，也不会有太大影响。可惜他失之交臂，这一定律让他的"迷弟"开普勒发现了。

▲ 距离（d）和周期（T）：三根大萝卜（d^3）和两只兔子（T^2）

开普勒第三定律

椭圆轨道半长轴的立方与周期（公转一周所用的时间）的平方成正比。

"信谷哥"

开普勒的三大定律是天文学的又一次革命，它彻底摧毁了"托轮天王"托勒密繁杂的本轮宇宙体系，完善和简化了哥白尼的日心宇宙体系，让哥白尼的体系彻底甩掉了"本轮"的概念，椭圆成为行星转动的标准轨道。他也因此被赞美为"天空立法者"。

利用前人进行的科学实验和记录下来的数据而得出科学发现，这样的情况在科学史上是不少的。但是，像第谷和开普勒这样，用20余年辛勤观测，再用近20年精心推算，"配合"如此完美，优势如此互补，道路如此艰难，成果却如此辉煌，则是罕见的。

可以说，如果没有开普勒的提炼和升华，第谷留下的只是一些数字；而如果没有第谷的数据，开普勒不可能凭空想象出三大定律。

当一个伟大的观测者"星学之王"和一个伟大的数学家"天空立法者"联手的时候，会焕发出怎样耀目的光芒？

由前一回的"质疑"到这一回的"相信"，我们似乎看到了科学研究的剑，是一把两面开口的双刃剑。

质疑，是对陈旧理论、对权威的质疑；相信，是对实际观测数据的相信。在一疑一信之间，科学研究之剑可以劈开层层幕布，揭开世界的真相。

▲ 月球环形山：哥白尼、开普勒和第谷。
第谷环形山有辨识度很高的辐射状条纹

▲ 捷克首都布拉格的第谷和开普勒
雕像

图中文字：
哥白尼环形山
开普勒环形山
第谷环形山

雕像底座：
TYCHO BRAHE
JOHANNES KEPLER

三思小练习

1. 用一根绳子、一支笔、两枚图钉，画一个椭圆。

2. 偏心率是焦点间距离除以长轴长度。画一个偏心率为 0.093 的椭圆，这就是火星的轨道形状。

开普勒的天空三律

你的天空,你立律法,
为各色行星,画出领地,
遵从妥妥的椭圆
——偏心乃第一律。

每一颗星都是天空的游子,
远了,蜗行经年,
近了,白驹过隙,
而一颗心扫过的面积,始终不变
——此乃第二律。

远,近,快,慢,
天涯的立方,岁月的平方,
离家有多远,回归就有多漫长。
那些行星隐藏在轨迹里,第三律
终于被你看穿。

第7讲

比萨斜塔上扔铁球

—— 科学史上的三个"父亲"头衔

斜塔实验：
一怒亚里士多德

　　古希腊先贤亚里士多德（前384—前322年）曾经说过：两个铁球，一个10磅重，一个1磅重，同时从高处落下来，10磅重的一定先着地，速度是1磅重的10倍。

　　"两人掉下去胖子先着地。"这句话居然在近两千年里没有人怀疑。如果你穿越到那时候，你会发现当时人们对哲人的话深信不疑。

　　但是，在16世纪末的时候，意大利的科学家伽利略（1564—1642年）却对这句话产生了怀疑。他想：如果这句话是正确的，那么把这两个铁球拴在一起，落得慢的就会拖住落得快的，落下的速度应当比10磅重的铁球慢；但是，如果把拴在一起的两个铁球看作一个整体，就有11磅重，落下的速度应当比10磅重的铁球快。这样，从一个理论却可以得出两个相反的结论，自相矛盾了。

　　这怎么解释呢？当胖子抱着瘦子一起掉下来，到底是快了，还是慢了呢？

亚里士多德

伽利略

伽利略带着这个疑问反复做了许多次试验，结果都证明亚里士多德的确说错了。两个不同重量的铁球同时从高处落下来，总是同时着地，铁球往下落的速度跟铁球的轻重没有关系。

为了向公众证明这一点，他在他家乡的比萨斜塔做了实验。据说伽利略扔球的时间在 1589—1591 年，具体时日已经无法考证。也有人说，伽利略根本就没有在斜塔上做实验。

伽利略的比萨斜塔实验，给了我们很大的启示：**对于前人、名人的理论，在相信和接受之前，我们何不自己撸起袖子验证一下？** 宋朝的大诗人陆游说："纸上得来终觉浅，绝知此事要躬行。"说的就是这个道理。

我们要时常抱着这样一个态度：我读书少，你不要骗我！

科学史上的三个"父亲"头衔

亚里士多德的理论　　伽利略的结论

▲ 比萨斜塔实验

斜面实验：
再驳亚里士多德

对亚里士多德的驳斥成功之后，伽利略继续发难。

亚里士多德发现，推动重物时需要的力大，而推动轻物时需要的力小。他再次推出一个普遍性的结论：

一切物体均有保持静止的"本性"；任何运动着的事物都必然有推动者。

这两个结论似乎也有道理——实际上亚里士多德的很多观点，听起来都有点道理。

但是，伽利略仔细思考后却发现了漏洞：事物真有保持静止的"本性"吗？事物真的一定要有推动者才能动吗？

他又"躬行"了一次，做了两个尽量光滑的斜面；它们彼此构成坡度较大的漏斗形，让一个球在这两个斜面滚动做实验。他想知道，一个球从斜面滚下以后，是如何运动的。

伽利略注意到，在某一高度沿斜面滚下一个球时，它会滚到对面斜面"几乎"相等的高度。

"几乎"相等，是说差一点点。因为有摩擦，所以球滚到对面斜面稍低的高度。

如果能把摩擦力消除，斜面是完全光滑的，滚下的球就有可能滚到对面斜面相同的高度。

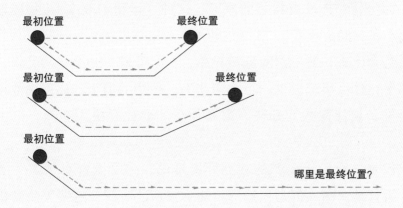

最初位置　　　　　　　最终位置

最初位置　　　　　　　　　　最终位置

最初位置

哪里是最终位置?

▲ 伽利略斜面实验：如果没有外力（摩擦力），球能一直滚下去

　　伽利略改变对面斜面的斜率。他观察到，当对面斜面的角度减小时，滚下的球会滚得远些，以便达到球开始滚下时的原有高度。

　　当对面斜面和水平面成 0° 时，滚下的球仍然会努力达到它原有的高度，但是那个高度离得太远，以至于球几乎会沿一个方向永远地向前滚动。

　　这个球没有保持静止的本性！它会一直滚动！这个球没有推动者也能动！亚里士多德又错了。

　　伽利略根据他的理想斜面实验提出了两个全新的重要概念：惯性和加速度。

　　如果一个物体原来在做直线的匀速运动，则它会继续沿原直线的方向匀速运动，除非它受到外力的作用。如果一个物体原来是静止的，它将继续静止。

　　物体的这种"本性"，叫作惯性——静者恒静，动者恒动。

　　如果想让运动的物体静止下来，必须有外力作用；如果想让静止的物体运动起来，也必须有外力作用。力，不是让物体运动的原因，而是让物体改变状态的原因！这种"运动的改变"（物体速度的大小和方向的改变），就是加速度。

打个比方，有一对双胞胎兄弟，一个很懒，一个非常勤快。懒的那个，什么事都要催一下才能动手；勤快的那个，你不说他自己也会做。要让懒人变勤快，需要外力。要让勤快人变懒，也需要外力。

但是，亚里士多德的观点好比是说，每个人都有"懒"的天性，所有勤快的人都是被逼的。他不知道还有我们这些天生勤快的人呢！

伽利略提出的惯性概念以及力和加速度关系，后来被牛顿总结完善，成了牛顿第一定律和第二定律。

《物理世界》期刊曾经评选过历史上最出色的十大物理实验，第二名是伽利略的比萨斜塔实验，第八名是斜面实验，一人独占两个！有人甚至评论：有个男子扔下两个铁球后，整个欧洲"脑震荡"了。这里应该加上一句，整个欧洲倾倒在了斜面上。

▲ 油画记录了伽利略实验的场景

望远镜下的宇宙：
三驳地心说

1609 年 5 月，正在威尼斯做学术访问的伽利略偶然间听到一则消息：荷兰有人发明了一种能望见远景的"幻镜"。这使他灵感突发，匆匆结束行程，回到比萨，一头钻进了实验室。不到 3 个月的时间，他造出了两架望远镜。当别人只是好奇地用望远镜看远山风景和邻居家晚餐吃什么味儿的意大利面时，伽利略把它指向了星空！

好像这个星空盼了几亿年，才盼来伽利略，所以，一股脑地把神秘的面纱揭开，让伽利略抬头细看：月亮的"素颜"、太阳的黑子、木星的卫星、金星的盈亏，

▲ 伽利略的望远镜

还有银河里无数恒星等。这些发现开辟了天文学的新时代。一个人在天文学上有这么多的重大发现，他的每个晚上肯定是和望远镜一起度过的。

看月亮

1609 年 8 月。

伽利略首先用望远镜观察了月球。奇迹发生了，人们眼中的那

▲ 伽利略手稿中月亮的素颜

个千娇百媚的银盘，在他的望远镜中却成了一张千疮百孔、惨不忍睹的"大麻脸"！他把那些四周边缘高耸突出的环状地形命名为"环形山"，而把较平坦的暗黑区域称为"海"。

更重要的是，他由此知道，月球并非上帝创造的，"天堂"中的东西也不一定是尽善尽美的。月球和地球一样，是个有着崎岖地形的世界。

接着，伽利略又把目标指向了灿烂的银河，那条传说中流淌着牛奶的天路——哪里来的牛奶？哪里来的路？分明就是无数的星星交会在一起的光辉！

从那年年底起，伽利略又把目光投向了行星。

看木星

1610 年 1 月 7 日。

他发现木星旁边始终有四个更小的光点，它们几乎排成一条直线，连续几个月的跟踪使他确信，它们都在绕木星转动，像月亮绕地球那样，应当是木星的卫星。

| 1月7日 | 1月8日 | 1月13日 | 1月15日 |

▲ 伽利略在 1610 年看到并画下的木星卫星

▲ 四颗木星卫星的真实面目

这在天文学上是件惊天动地的事，并证明了哥白尼的日心说：星球并不一定都是围着地球转的，地球不是宇宙的中心！还有星球是绕着行星转动的。

为了纪念伽利略的功绩，人们把木星的这四颗卫星命名为"伽利略卫星"。除木卫二"欧罗巴"略小于月球外，其他三颗都比月球还大。而"欧罗巴"则是天文学家的最爱，因为它上面有含有真正的水的海洋，许多迹象表明，"欧罗巴"有可能是一个存在生命的星球！

看金星

1610 年 8 月。

伽利略对金星的兴趣大增，他在望远镜内见到了呈弯月般的形状。

为什么金星会如月球那样有相位变化呢？

如果金星是绕着地球运转的，那么，当金星在太阳和地球之间时，相位的变化应该如图 1，是从一个大的"C"（位置 1）开始，然后"C"慢慢变小（位置 2、3），消失，再出现一个反写的小"C"（位置 4），慢慢再变大（位置 5、6）。然后，周而复始。

但是，实际的相位却如图 2：先是一个大的"C"（位置 1），然后"C"变小、变满、成半圆（位置

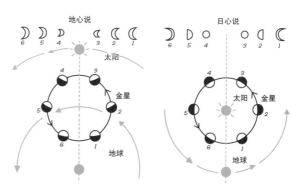

▲ 地心说的金星相位和实际的相位

2），最后几乎"满月"（位置 3、4），再开始"瘦身"，出现一个反向的半圆（位置 5），慢慢再变成反写的大"C"（位置 6）。

总而言之，金星是绕着地球转（地心说），还是绕着太阳转（日心说），它的"阴晴圆缺"规律——腰身变化过程，是不一样的。在地心说里，金星女神腰身一直很苗条；在日心说里，金星女神会有满圆的"孕身"。

伽利略经过仔细分析，认为这只可能是金星在绕太阳运转，而且距太阳比地球更近，只有这样才能解释这一奇怪的天象。

裁决四大天文体系

伽利略用望远镜观测到的新天象，对当时各种天文体系理论的科学性是一次严格的考验。

当时的天文体系主要是如下四种：

1543 年问世的哥白尼日心体系；

1588 年问世的第谷准地心体系；

尚未退出历史舞台的托勒密地心体系；

仍然维持着罗马教会官方哲学中"标准天文学"地位的亚里士多德"水晶球"体系。

月球崎岖的表面和太阳黑子，是对亚里士多德"水晶球"体系的沉重打击。

木卫的发现和金星相位的发现，是对托勒密地心体系的一个致命打击，因为地心体系解释不了这一天象。但它对哥白尼日心体系却是一曲嘹亮的凯歌，因为金星相位正是哥白尼体系的演绎结论之一。

当然，第谷的准地心体系也能够圆满地解释金星相位的变化——可见当时第谷的理论还是很有说服力的。

身在密舱的伽利略

1632 年，伽利略在一艘做匀速直线运动的船上（不加速、不减速、不拐弯），对封闭船舱内发生的现象进行观察，得到了非常有趣和有价值的结论。

在甲板上往船头方向跳和往船尾方向跳，哪一个更远呢？会不会因为船在往前飞驶，造成往后跳得更远？

往酒杯里斟酒，酒会不会因为船在往前行驶，而洒向船尾方向？

船舱里飞在空中的苍蝇蚊子，会不会因为船的前行而聚集到船尾？

伽利略发现，在这艘匀速行驶的船上，所有的物理现象都和在静止的陆地上是一样的。往前跳和往后跳，是一样远的；酒不会洒向船尾；苍蝇蚊子也不会聚在船尾。这也就意味着，你无法根据船上的任何现象，来判断船究竟是在运动还是静止。"不知船静还是动，只缘身在密舱中。"甚至如果打开船舱，你都无法根据外面的风景来判断，到底是船在动，还是外面的风景在动。

相对性原理

这就是伽利略著名的相对性原理。

这个相对性原理，后来引发了爱因斯坦的相对论。这是后话，我们以后详细分解。这个匀速或者静止的系统，叫作"惯性参照系"。

我们的地球一昼夜自转一圈，这个速度

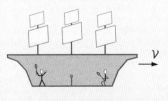

▲ 相对性原理和惯性参照系

在赤道上表现为每小时约转动 1600 千米。但是，我们却丝毫感觉不到它在转动，这也是古人地心说的重要依据——地是不动的。

实际上，我们感觉不到地球转动，是因为它一直保持同一个速度转动，而我们以及河流山川等所有物体都和它一起转动。"不知球静还是动，只缘匀速自转中。"

很有意思的是，在中国东汉时期的古籍上，居然也有类似的发现。《尚书纬》记载："地恒动而人不知，譬如闭舟而行不觉舟之运也。"《尚书纬》的成书年代比伽利略至少早了 1500 年。《尚书纬》的这段话，可以说是伽利略相对性原理最古老的叙述。

伽利略还进一步发现了一个变换公式。

变换公式

假设你在一辆匀速前行的车上，朝正上方扔球，然后接住，看到的是球直上直下——这是以匀速运动的车作为惯性参照系。

而站在路旁的人，却看到球是往前抛的，而你正好随着车往前赶，堪堪接住——这是以静止的地面作为惯性参照系。

车上和路边的人，看到的球的运动是不一样的。运动是相对的，要看你的立场在哪里！

如果车是匀速运动的（速度 v），当我们在路边看时，可以把车上所有的物体都加上速度 v。因此，你往上抛起的球，也有那个附加的 v，让它可以恰恰赶上车的运动。这个叫作"伽利略变换"——运动的速度是叠加的。

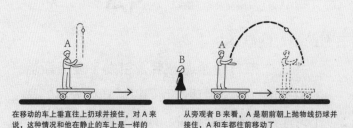

在移动的车上垂直往上扔球并接住，对 A 来说，这种情况和他在静止的车上是一样的

从旁观者 B 来看，A 是朝前朝上抛物线扔球并接住，A 和车都往前移动了

▲ 伽利略变换：运动速度叠加

实践出真知

伽利略在科学史上有三个"父亲"的头衔：近代物理学之父、近代科学之父、实验物理学之父。

他的一生中，有好几个"尤里卡"时刻：比萨斜塔、月亮素面、木星卫星、金星相位。这些时刻，都是值得大书特书的。

从比萨斜塔实验，到理想斜面实验，再到动手制作望远镜，对准星空观察，**伽利略研究科学的武器，不是圆球，不是斜面，也不是望远镜，而是亲自动手实践，去验证前人的观点，去检验每一个有疑问的地方。**

伽利略用他的身体力行和成功实践，有力地说明了实践出真知。从历史的发展来看，在伽利略之前，人们更多的是相信前人特别是古代公认有智慧之人的话，而从伽利略开始，用实验和科学的方法来检验前人说法的萌芽开始滋长。

中国古代的思想家荀子曰：故不登高山，不知山之高也；不临深溪，不知地之厚也。不上斜塔抛球，不知亚里士多德之谬也。如果你发觉这里最后一句有异，并去查证原文，那么，你已经知道需要实证了。

荀子还曰：不闻不若闻之，闻之不若见之，见之不若知之，知之不若行之。学至于行而止矣。行之，明也。

意思是说：没有听到的不如听到，听到不如见到，见到不如了解到，了解到不如去实践，学问到了实践就达到了极点。实践，才能明白道理。

古往今来，道理不分国界，真理没有先后，中国思想家的至理名言和外国科学家的亲身实验，都为我们指明了方向。

只要往实验方向走一小步，就胜过了虚妄和空谈。

三思小练习

1. 在地板上用积木玩具和小弹珠，做斜面实验。

2. 在平稳行驶的汽车或船上，感受一下伽利略的惯性参照系。你能感觉到汽车或船在运动吗？

3. 有条件用望远镜观察月亮表面的环形山和月海的同学，试着找到几座以本书里的科学家名字命名的环形山。

比萨斜塔的铁球

此刻，
我双手各执一球，
一轻一重，正如亚里士多德所愿。

比萨塔很知趣地微微斜身，
海风屏住呼吸，
太阳目不转睛，
它们都曾聆听先贤的教诲。

松手，
坠落，
我能听见空气想拽住铁球的声音。

铁球砰然落地，
砸起惊呼和掌声。

亲爱的欧罗巴，不用担心，
你不会脑震荡，
因为我在地上，
垫了一层松软的草皮。

第8讲

很重吗？很重，要吗？很重要吗？

——苹果有没有砸到牛顿

奇迹之年 1666

1642 年，一代科学巨匠伽利略在被教会囚禁 9 年后，在意大利黯然去世。

伽利略去世仅仅一年，英国一个农场里，一个瘦小的早产儿出生了。谁也不会料到，这个被担心能否存活的婴儿，会在 20 多年后站在伽利略的肩膀上，提出运动三定律，成为比伽利略还要伟大的科学家。

这个婴儿从小就显示了对科学的浓厚兴趣，并于 18 岁进入了剑桥大学。

1665 年，因为欧洲鼠疫猖獗，英国的大学关闭，22 岁的他回到自己老家的农场躲灾。此后两年，他一个人埋头研究科学，在数学、力学和光学上获得了一系列震惊世界的研究成果。那时，他还不到 25 岁！

他就是艾萨克·牛顿（1643—1727 年）。

在人类科学发展史上，有两个"奇迹之年"，一个是 1666 年，一个是 1905 年。这里先讲第一个，是牛顿取得重大发现的一年，后一个我们以后详解。

武侠里的"反牛顿定律"

中学物理课上讲到牛顿力学三定律。

除了第三定律是牛顿的原创，第一定律和第二定律都是在伽利略的基础上的总结和提升。

为了让大家理解这三个定律，我们用武侠小说里的片段，来看看成人童话里的作者是如何与牛顿过不去、违反物理定律的。

第一定律和神秘的暗器

牛顿第一定律：任何一个物体总是保持静止状态或者匀速直线运动状态，直到有作用在它上面的外力迫使它改变这种状态为止。

第一定律说明了力的含义：物体有惯性，这个惯性可以是静止，也可以是运动。力是改变物体运动状态的原因。

我们来看《四大名捕会京师》的第一章：

欧玉蝶大喝一声，双手一展，十二种暗器飞射而出。

这一手"满天花雨"，打得有如天罗地网，无情插翼难飞。

无情没有飞。

就在欧玉蝶的十二种暗器将射未射的刹那间，无情的玉笛里打出一点寒光。

这一点寒光是适才欧玉蝶打出来的三道寒光之一，"嗖"地钉在欧玉蝶的双眉之间的"印堂穴"。

◀ 牛顿运动三定律

欧玉蝶所打出去的十二道暗器，立时失了劲道，纷纷失落。

欧玉蝶向名捕无情打出 12 种暗器，无情只用一根后发先至的银针，当场取了他的性命。无情的暗器后发先至并不奇怪，因为有主角光环的无情功力高、暗器速度快。但奇怪的是欧玉蝶已经打出的暗器"失了劲道，纷纷失落"。根据惯性定律，暗器会照常飞行，绝对不会因为它的发射者生命消失而突然跌落。

第二定律和《九阳真经》

牛顿第二定律：物体的速度变化正比于所受的外力，速度变化的方向与外力方向相同。

第二定律指出了力的作用效果：力 F 使物体 m 获得加速度 a。

我们来看《倚天屠龙记》：

便在这万籁俱寂的一刹那间，张无忌突然间记起了《九阳真经》中的几句话："他强由他强，清风拂山冈。他横任他横，明月照大江。"他在幽谷中诵读这几句经文之时，始终不明其中之理，这时候猛地里想起，以灭绝师太之强横狠恶，自己绝非其敌，照着九阳真经中要义，似乎不论敌人如何强猛、如何凶恶，尽可当他是清风拂山，明月映江，虽能加于我身，却不能有丝毫损伤。然则如何方能不损我身？经文下面说道："他自狠来他自恶，我自一口真气足。"

本来力气小的那位，只因为突然想起一段经文，练好了《九阳真经》和一口真气，居然可以顶住外力影响，外力再大也推不动。

不知道张大侠在龙卷风里会不会依然"清风拂山冈"？

第三定律和梯云纵轻功

牛顿第三定律：对于每一个作用，总有一个等量反向的反作用，或者说两个物体之间的相互作用总是相等且反向的。

第三定律揭示出力的本质：力是物体间的相互作用。

我们来看《英雄无泪》里的这一段：

小高没有被她拖下去，反而又向上拔起，以右脚垫左脚，借力使力，又向上拔起丈余，就看见窄巷两边的短墙后，都有一个人分别向左右两方窜出，身手都极矫健，轻功都不弱。

他们蹿上数丈外的屋脊时，小高也落在墙头，两个人忽然全部转过身来盯着他，脸上都戴着狰狞的面具，眼里都充满了凶暴残酷恶毒的表情，其中一个人用嘶哑的声音冷冷地说："朋友，你的功夫很不错，要练成'梯云纵'这一类的轻功也很不容易，如果年纪轻轻的就死了，实在很可惜。"

居然"右脚垫左脚，借力使力"，自己踩自己的脚可以飞得更高？

按照牛顿第三定律，左脚的力向上，右脚的反作用力向下，怎么能飞得更高？

看了牛顿三大定律，你或许有疑问了：这似乎不难啊，伽利略提出过第一和第二定律，而第三定律也是显而易见的"打在你身上，疼在我手上"。这怎么能显出牛爵爷的英明神武呢？

大家不要小看这三个定律，它相当于建立了一个类似于欧几里得的公理体系，把当时地球上人们能看到的运动量化了，数学化了。而且，最重要的是，之后要讲到的万有引力和这三个定律结合起来，就把天上人间的运动都弄清了。

一只苹果引发的疑案

牛顿的故事，和苹果是无法分开的。

有一种说法，牛顿在苹果树下思考时，被一只掉下来的苹果砸中脑袋，发现了万有引力。这样的故事十分神奇，以至于广泛流传，苹果树下多了很多等待灵感来砸的人，比唱着《小苹果》跳舞的人还多。

牛顿在看到开普勒第三定律的时候，利用自己与生俱来的数学才能，经过一连串让人眼花缭乱的推导，居然推导出了描述星体运动的引力定律：

任意两个物体通过连心线方向上的力相互吸引，该引力大小与它们质量的乘积成正比，与它们距离的平方成反比。G 是引力常数，要等 100 多年后才被测量出来，约等于 $6.673 \times 10^{-11} \mathrm{N \cdot m^2/kg^2}$。

这个公式，实际上和开普勒第三定律是"等价"的！但是，它以更亲民的方式出现了。开普勒花了 10 年工夫，从第谷数据里找出来的无法解释的规律，牛爵爷居然三下五除二，让它改头换面，成了一个人见人爱的伟大公式。

引力和质量的乘积成正比，这个似乎容易理解。两个物体的质量越大，引力越大。

两个物体的距离越近，引力越大，这个也能理解。但是，为什么和距离的平方成反比，而不是和距离成反比呢？

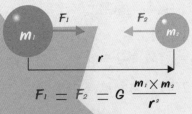

$$F_1 = F_2 = G\,\frac{m_1 \times m_2}{r^2}$$

这个"平方反比定律"在很多地方适用，如热辐射强度、光辐射强度等。

平方反比

从一个点辐射出来的热、光甚至是力，是沿着球面均匀向四周扩展蔓延开来的。因为球面的面积是 $4\pi r^2$，所以半径每扩张一倍，单位面积上的强度就减到 $\frac{1}{4}$，扩张 3 倍，则减到 $\frac{1}{9}$。

有了运动三定律，就可以描述人间的运动。

有了引力定律，就可以描述天体运行。

亚里士多德认为，天上和地上的规律是不一样的，各有各法。如果牛顿只是止步于此，那就不是伟大的牛顿了。这个时候，我们的苹果道具出现了。

实际上，**苹果故事的真实版本是这样的：牛顿在搞明白力学的基本原理、运动三大定律和天体引力定律后，一直在思考它们之间的关联。**

而历史上最有名的那个苹果，等到时机成熟的时候，碰巧砸了下来。牛顿看到苹果掉了下来，突然灵感迸发——苹果从挂在树上静止的状态，变成自由落体，运动改变了，速度增加了，一定是有一个看不见的力拉着它砸向地面。这个力，难道就是开普勒第三定律里的那个引力？

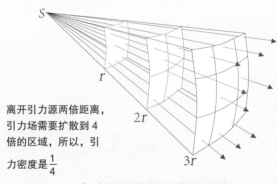

离开引力源两倍距离，引力场需要扩散到 4 倍的区域，所以，引力密度是 $\frac{1}{4}$

▲ 牛顿万有引力的平方反比定律

▲ 万有引力

地球与太阳之间的吸引力，与地球对周围物体的引力是不是同一种力，遵循相同的规律？

为什么月亮受到地球引力而不掉下来？苹果受到地球引力就掉下来？

如果月亮不再绕着地球转，它会不会因为地球引力而掉下来？如果地球的引力突然消失，月亮会不会飞离地球而去？

如果我们扔一个苹果，扔得特别远，速度特别快，苹果会不会就不掉下来，像月亮一样绕着地球转了？此处或许可以用到张无忌的九阳神功了。

天上地上的引力统一

至此，引力成了万有引力！牛爵爷"一统江湖"了。

万有引力定律的发现，是 17 世纪自然科学最伟大的成果之一。它把地面上物体运动的规律和天体运动的规律统一了起来，对以后物理学和天文学的发展具有深远的影响。

牛顿不仅发现了万有引力的公式，而且还用它证明了开普勒的三大定律，解释了月亮和太阳的万有引力引起的潮汐现象，说明了地球为什么是扁的，为什么有岁差……

自从牛顿发现万有引力之后，天文学家就开始利用它来计算行星的运动轨迹，甚至能够计算出木星、土星或火星在天空中的具体位置。

公式算出来的行星

不过，当天文学家利用同样的方法来计算天王星的位置时，却

出现了一定的误差。这让天文学家感到苦恼，难道是牛顿的万有引力公式出了问题吗？大多数人都相信万有引力是没有问题的，

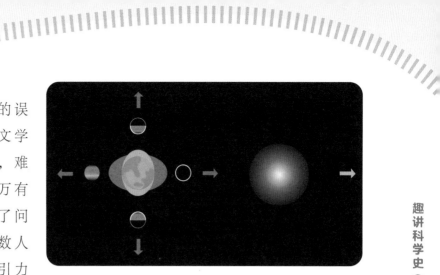

▲ 潮汐和万有引力

他们猜测在天王星的轨道外，肯定有一颗没有被发现的行星，它正和人类玩着"躲猫猫"的游戏，而且不断用引力影响着天王星的运动。

这颗和天文学家玩着"躲猫猫"游戏的行星，离地球非常遥远，比天王星还遥远。它的光芒也很微弱，想要在茫茫宇宙中找到它的踪影，肯定是一件很困难的事情。但谁也没有想到，居然有三位年轻的天文学家攻克了这一难题，而且他们是用笔和纸"找"到这颗遥远的行星的，而不是用望远镜观察到的。所以，海王星又被称为"笔尖上的星球"。这三个年轻人就是伽勒、亚当斯和勒威耶。

现在回头来看，苹果有没有砸在牛顿头上已经不重要了，它敲开了一扇门：宇宙间上自天体运行下至马车行驶，都可以用公式来求解。

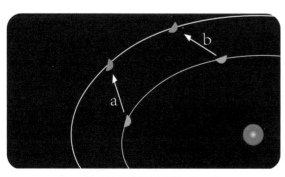

▲ 万有引力计算预测了海王星

引力的本质是什么？它为什么存在？这些更深层次的问题，要等下一位伟人爱因斯坦解释了。

初中生也能看懂的微积分

牛顿在研究力学的时候，碰到一个棘手的数学问题。

让我们先来回顾伽利略的斜面实验。伽利略发现小球从光滑斜面下滑的时候，速度是越来越快的（这就是加速度的概念）。他进一步标出每一秒小球路过的地方，发现了路程和时间之间的一个平方关系：在第 0~1 秒的路程是 1 的话，在 0~2 秒内经过的路程就是 4，在 0~3 秒内的路程就是 9。图中标出的数字是第 1 秒、第 2 秒、第 3 秒、第 4 秒的路程，把前几位累加起来，就能得到平方数。

距离是很容易测量的。但是，在某一个瞬间的速度呢？这是当时困扰牛顿的问题。

让我们再回到伽利略的比萨斜塔实验。伽利略在塔顶松开铁球，牛顿想知道 1 秒钟后铁球的瞬间速度。

牛顿通过研究已经知道了自由落体的距离 s 和时间 t 的关系是：

$$s = \frac{gt^2}{2}$$

$g \approx 9.8\,\mathrm{m/s^2}$，是重力加速度。

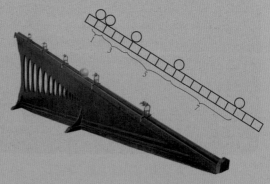

▲ 斜面实验中的加速度、路程和时间的平方关系

根据距离的公式，铁球在 1 秒内下落了 4.9 米。

那么，我们把距离 4.9 米除以 1 秒是什么呢？是铁球在这 1 秒内的平均速度，这个不是 1 秒时的瞬间速度。

铁球坠落的速度是一直在变化，一直在增加的，应该怎么求呢？

无限小的时间间隔

牛顿发明了一个被称为无限小的时间 Δt，这个无限小的时间不是 0，但是无限接近 0。那么，在 $0 \sim 1 + \Delta t$ 内，铁球坠落下来多少米呢？

$$4.9(1+\Delta t)^2 = 4.9 + 9.8\Delta t + 4.9\Delta t^2$$

那么，从 1 秒到 $1 + \Delta t$ 秒，铁球坠落了多少米呢？

$$4.9(1+\Delta t)^2 - 4.9 = 9.8\Delta t + 4.9\Delta t^2$$

在 1 秒瞬间的速度就是在 Δt 内坠落的距离，除以时间 Δt，就是：

$$\frac{9.8\Delta t + 4.9\Delta t^2}{\Delta t} = 9.8 + 4.9\Delta t$$

如果我们能保证 Δt 足够小，接近 0，那么，铁球在 1 秒的瞬间速度就是 9.8 米 / 秒。牛顿的思路非常有突破性：要想知道某个瞬间 t 的速度，就假设从 t 开始，在一个很小的时间 Δt 内走了多少路，然后除以这个微小的时间间隔。这就是数学上的微分法。

有了这个微分的手段，就能知道铁球在坠落过程中每一个时刻的瞬间速度了。

如果反过来，已知运动的速度，求给定时间内经过的路程，就是积分法。

在开普勒求椭圆部分面积的时候，我们曾经提过，求这个不规

苹果有没有砸到牛顿

整的面积需要微积分。它的基本思路是，把面积切成 Δx 的窄条，求每一个窄条（长方形）的面积，然后再加起来。当窄条足够窄的时候，这个"窄条叠加"的方法，就会很接近原来不规整形状的面积。

把微分和积分合起来，英文叫"calculus"，这个词来自拉丁语，意思是细小的石子，这和微分时分成无限小的时间、积分时分成无限小的窄条相对应。成语"积土成山"和"积水成渊"说的也是这个意思。

开创一套数学方法

牛顿和其他物理学家相比，最厉害的地方是他的数学。当已有的数学方法无法解决物理问题的时候，他就发明一套新的数学方法！在他之前的所有物理学家中，没有人的数学比他出色。他的数学成就，即使在史上最伟大的数学家中，也是名列前茅的。

微积分的发明，是数学史上的一次伟大飞跃，同时也是有争议的事件：是牛顿发明的呢，还是德国数学家莱布尼茨发明的？目前公认的结论是，它是由牛顿和莱布尼茨各自独立发明的。其实，看两位数学家的发型，也能知道他俩不相上下。

▲ 牛顿和莱布尼茨

孤绝牛顿

我们通过牛顿的故事，可以学习牛顿研究物理的方法：观察—实验—假设—推理。这种科学方法也被之后的物理学家奉为圭臬。

牛顿，这位自称站在巨人肩上的科学巨匠，是个性格孤傲之人。无论是年轻时在农场苹果树下沉思的几年，还是独守书斋沉迷于研究的中年和晚年，用唐朝诗人柳宗元的《江雪》，可以很恰当地描述他一个人在科学上探索的形象：千山鸟飞绝，万径人踪灭。孤舟蓑笠翁，独钓寒江雪。

有人问牛顿是如何取得科学发现的，他说："靠长时间的冥思苦想。我让问题一直呈现在我面前，并且一直等待着，直到黎明一点点显露并最终变成白昼。"对于潜心于科学研究、艺术创作、文字写作的人来说，灵感往往和孤独相伴。灵感是喜欢安静的，喜欢和你独处的。在你千万遍思索、千万遍推敲的时候，它会突然降临。灵感现身的刹那，它是属于你一个人的。此刻的快乐和喜悦，让所有的孤独寂寞得到了回赠。

近代国学大师王国维在《人间词话》中说："古今之成大事业、大学问者，必经过三种之境界：'昨夜西风凋碧树。独上高楼，望尽天涯路。'此第一境也。'衣带渐宽终不悔，为伊消得人憔悴。'此第二境也。'众里寻他千百度，蓦然回首，那人却在，灯火阑珊处。'此第三境也。"

我们在报刊上经常看到这样的标题：科学家要耐得住孤独寂寞。其实，"耐得住"三字已是落了下乘。真正做学问、做研究的人，会静静享受"望尽天涯路""消得人憔悴""寻他千百度"的孤独，享受那些自由创作和灵感飞舞的美妙时光。

或许，只有同样享受孤独的人，才能懂得彼此的孤独和充实。

三思小练习

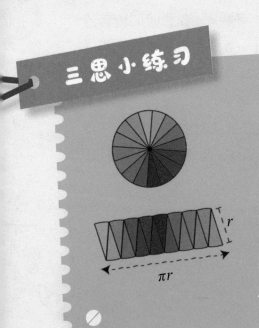

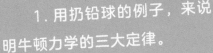

πr

1. 用扔铅球的例子，来说明牛顿力学的三大定律。

2. 如果太阳突然消失了，地球没有了太阳的引力，会做什么样的运动？

3. 把圆切成很多瓣，估算出圆的面积。这是微积分的一个应用。

牛顿的苹果

苹果的坠落，
来自七十多年前，
比萨斜塔的余震。

伽利略隔着时空，
找到了心领神会的人。

从此，天上和人间，
被万能的引力贯通。

第9讲

从小学生到大科学家的逆袭

——法拉第建立电磁学大厦

从小学生到
大科学家的逆袭

拿破仑的来信

1820 年的一天，一封不同寻常的信件从南大西洋上的孤岛圣赫勒拿岛寄出，来到了坐落于伦敦的英国皇家研究院。

寄信人是一位名声显赫的法国伟人兼囚犯，收件人是一个学徒出身的 29 岁的实验员。

年轻的英国人吃惊地看着来函者的署名，忐忑不安地打开了来信："当我读到您在科学上的重要发现时，我深深地感到遗憾：我自己过去的岁月实在是浪费在非常无聊的事情上。"

寄信人是当时落难的法国统帅、被称为"法国人的皇帝"的拿破仑。他在滑铁卢战役败给了英国及其联军之后，被流放到了圣赫勒拿岛，在那里受隔离软禁直至去世。

收信人是爱因斯坦心目中的三位英雄人物之一的法拉第（爱因斯坦书房墙壁上仅仅挂着牛顿、麦克斯韦和法拉第这三位的肖像）。

这位叫法拉第的科学家，何德何能让拿破仑和爱因斯坦如此赞赏？他的生平和事迹，即使过了两百年，仍然让人感动。

好学的小学徒

1791 年 9 月 22 日，迈克尔·法拉第（1791—1867 年）出生在英国一个贫苦铁匠家庭。他的父亲是个铁匠，体弱多病，收入微薄，仅能勉强维持温饱。

由于贫困，法拉第家里无法供他上学，因而法拉第幼年时没有受过正规教育，只读了两年小学。1803 年，为生计所迫，12 岁的他上街头当了报童，成了一个卖报的小行家。后来他又去了书店成了学徒——和图书打交道的职业，前途是远大的。前有图书馆管理员埃拉长老，后有书店小学徒法拉第。其实，我小时候的理想，也是在图书馆工作啊。

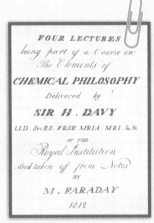

▲ 法拉第的笔记

（图片来源：Royal Society of Chemistry）

法拉第利用工余时间勤奋自学，如饥似渴地从书籍中汲取知识，并且自己动手实验。他的好学感动了一位书店的老主顾。老主顾给了他四张门票。这些是什么的门票呢？不是追星的音乐会，也不是马戏杂技，而是著名化学家汉弗莱·戴维的演讲。

小学徒的笔记

法拉第把四场演讲内容全部认认真真记录下来，并整理成 300 多页的笔记，画上插画，再手工装订成册。

戴维看到他整理好的演讲记录时，十分惊喜，这辈子都没有见过这么好看的笔记——同学们，记好笔记有多重要啊。

法拉第在 22 岁当上了戴维的实验助手，开始了他的科学生涯，并靠勤奋好学成为一位举世闻名的科学家，开创了人类的电气时代。

让电来驱动

奥斯特的实验

在古人眼里，天地之威中最让人震撼膜拜的，莫过于雷电。在希腊神话中，众神之王宙斯的武器便是霹雳闪电。

能让人类第一次收集以及很原始地掌控电的，是18世纪荷兰莱顿大学教授米欣布鲁克发明的莱顿瓶。这个瓶子就像《西游记》里的紫金红葫芦一样"威力无比"，可以把静电收拢、储存起来，等到需要的时候放出来。

哦吼吼，我要当雷神！

莱顿瓶

当然，那时的科学家不是这么原始地"发电"的，科学家们利用静电的原理发明了能制造出微弱电荷的起电器，然后积少成多地储存进莱顿瓶里。

◄ 莱顿瓶里储存的电

在彼时，人们对于电的了解还在很懵懂的阶段，对于磁性的理解同样原始，更勿论它们之间有什么关联。电和磁，是风马牛不相及的事物。

1820年，丹麦科学家奥斯特把电池连接起来，使电流从电线中通过。就在这时，他看到附近桌子上指南针的指针动了一下。这不是眼花，也不是梦。用奥斯特的话来说，电线中的电流"扰动"了指南针的指针。

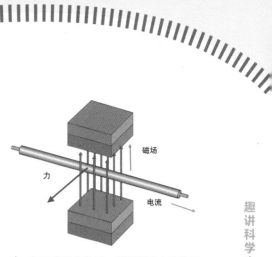

这是奥斯特的"尤里卡"时刻，他高兴地唱道："我知道我的未来不是梦，我认真地过每一分钟。我的未来不是梦，我的针跟着电场在动。"

▲ 电磁感应中电场、磁场和受力的关系

奥斯特偶然间发现的电磁感应轰动了世界——电和磁之间居然有关联，电可以产生磁场，使得指南针偏转。可惜奥斯特发现"电生磁"之后，没有继续深入研究下去。

既然电能生磁，让磁针运动，那么，通了电的导线，是不是也会在磁场里运动？ 法拉第通过实验证明了这一点。这三个箭头，分别标出了"电""磁""力"三者的方向。一根通了电的导线，会朝着垂直于电流和磁场的方向运动。磁场向上、电流向前，电线就向右移动。

法拉第的电动发明

法拉第的科学直觉和动手能力非常强，他从"电生磁"得到灵感：利用电磁感应，让电来驱动物体！这是非常了不起的想法，相当于把电从宙斯的手中抢了过来，让它服务于人类。

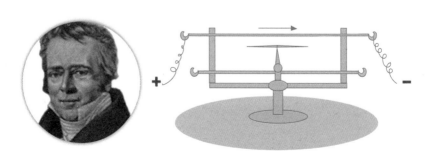

▲ 奥斯特的电磁感应演示

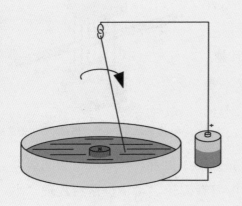

▲ 简单的电动实验

刚刚成为戴维助手的法拉第，于1821年9月3日，制造出了人类历史上第一台电动机的雏形。

当时有同样想法的人还有很多，但是，这个发明却由法拉第第一个发明了出来。为什么别人做不出来呢？

别人做的，都像奥斯特演示的那样，磁指针只是动了一下下。这样的运动远远不够，法拉第需要的是持续的运动。

如果给驴套上辔头拉磨，不停地赶驴，它就会转圈圈，做持续的圆周运动！那么，能不能给电磁感应的"驴"套上"辔头"？

根据这种设想，他成功地发明了一种简单的装置：一个装有水银的金属盘，一根漂浮在水银表面的铜导线，以及由电池构成的回路。在装置内，只要有电流通过线路，这根铜线就可以像驴子一样绕着磁铁飞快地转动！

法拉第发明的第一台利用电流驱动物体的装置，虽然简陋，却是今天世界上所有电动马达的祖先。现代的电风扇、电动汽车等，从原理上来说，都是法拉第这个简单设备的徒子徒孙。

磁生电：又一种逆袭

奥斯特发现"电生磁"之后，不少有名的科学家认为磁是电的从属，也就是说电才是最基本的。

然而，法拉第却在逆向思考：**既然电能生磁，那么磁能不能生电呢？** 他认为电和磁是并存的，没有所谓哪一方比较重要。若是这样，那么磁能生电也没什么不可思议的，只是当时还没有任何人能办得到。

法拉第的研究始于 1822 年，在发明了电动装置之后。

他潜心设计过许多种类的"磁生电"装置。改变电的强度、磁的强度、装置的材料，但是，无论他实验多少次，也没有看到期望的电流产生——咋就不来电呢？

九年磨一剑

从 1822 年开始的 9 年努力都失败了。其间因为戴维的阻挠，他只能在业余时间对电磁进行研究。直到 1829 年戴维去世，他才恢复对电磁的全面探索。

1831 年 8 月 29 日，在实验结束后，他在忘了断开电路的情况下把磁棒取出来（平时都是实验完毕后，断开电路，再取出磁棒），突然发现电流表指针动了！有电了！这不是眼花，也不是梦，更不可能和奥斯特做同一个梦。这是法拉第的"尤里卡"时刻。他高兴地唱道："我知道我的未来不是梦，我认真地过每一分钟。我的未来不是梦，我的针跟着磁场在动。"

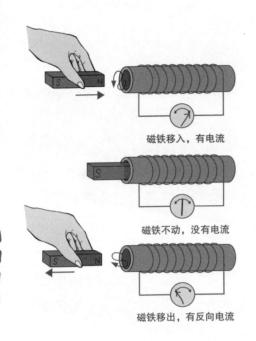

磁铁移入，有电流

磁铁不动，没有电流

磁铁移出，有反向电流

法拉第的发电机

能让磁力产生电的关键是"动"，磁铁只有运动才会产生电。当磁铁靠近线圈的时候，电表动了；当磁铁离开线圈的时候，电表反向动了；而磁铁不动的时候，电表也不动。就这样，法拉第为发电机和现代的电机工程学开辟了新的天地。

但是，法拉第发现这种反复的插拔动作一会儿靠近一会儿分离，很难在技术上实用。头脑敏锐的他从另一个角度出发，用铜盘代替线圈，让铜盘在巨大的磁铁中转动，这样一来，铜盘的中心和边缘之间，就可以产生稳定、持久的电流。

1831年10月28日，法拉第发明了圆盘发电机，这是他的第二项重大电发明。

紫铜制作的圆盘，

▲ 法拉第"磁生电"实验

放置在蹄形磁铁的磁场中。圆心处固定一个摇柄，圆盘的边缘和圆心处各与一个黄铜电刷紧贴，用导线把电刷与电流表连接起来。当法拉第转动摇柄，使紫铜圆盘旋转起来时，电流表的指针偏向一边，这说明电路中产生了持续的电流。

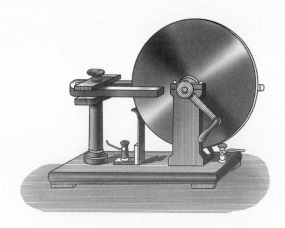

▲ 法拉第的圆盘发电机

这个圆盘发电机，结构虽然简单，却是人类创造出的第一个发电机。当今的发电机，无论是水力发电、风力发电、火力发电，都是从它发展起来的。

这一年，电磁、磁电互生的现象诞生了，电和磁这两栋孤立的大厦，被法拉第连在了一起。

也就在这一年，一位叫麦克斯韦的婴儿在不远的苏格兰诞生了。

法拉第建立电磁学大厦

看不见的磁场和磁力线

法拉第在电磁感应的研究中提出了两个非常重要的崭新概念，那就是磁场和磁力线的概念。

磁铁，好像自带气场、隔空传力的大侠，让周围的磁性材料感应到它的存在和作用力。法拉第想象出了这样一个场的存在。在此之前，人们只看到物体和物体实际的接触，而场概念的提出，打开了物体和物体相互作用的一个新的视角。这个新的概念，连麦克斯韦都佩服得五体投地。

在这个磁场中，磁力有大有小、有上有下、有左有右，法拉第进一步想象出了磁力线，在磁场中画出一些有方向的曲线（也有直的），这些曲线上每一点的切线方向都和这点的磁场方向一致。磁力线的疏密程度表示磁感应强度的大小。

根据法拉第的看法，磁力线占据磁铁内部与其周围的空间。虽然肉眼不可见，但是只要将铁粉撒在磁铁附近，马上就可以看到磁力线的蛛丝马迹，让它"现形"。

这一招化虚为实，让电磁的研究豁然开朗，进入了一个广阔的天地。磁力，再也不是神秘莫测，而是真切实在可以看得到的。

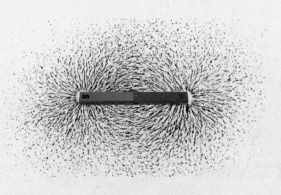

▲ 磁粉让磁力线"现形"

用棒状磁铁做实验的时候，铁粉的分布像是被压破的椭圆形。磁力线由磁铁的 N 极出发，经过周围的空间后到达 S 极，并且继续进入磁铁内部直到完成椭圆形。磁力线在磁力最强的两极附近，分布得最稠密。离两极越远，磁力越弱，磁力线的分布密度越低。

有了磁力线的概念，法拉第通过这个新的模型来定义引起电磁感应的必要条件：

只有当导线在磁场里做切割磁力线的运动时，线圈中才有感应电流产生。

切割磁力线

要切割，才有电！例如磁铁插入线圈中，如果不做切割磁力线的运动，就无法引起电磁感应。这是法拉第花了 9 年时间才发现的规律。当他转动圆盘发动机时，就是在不停地切割磁力线。

法拉第的磁力线概念后来被麦克斯韦发扬光大，提出了将电学、磁学和光学归纳成一个电磁学体系的麦克斯韦方程式。如果说伽利略和牛顿建立起了经典力学的大厦，法拉第和麦克斯韦就是为物理学建立了电磁学的殿堂。

让科学走近少年

　　法拉第不但是伟大的科学家，也是热心的科普者。法拉第本人就是听戴维的科普讲座，从而走上科学道路的。

　　他热心主办并主讲"圣诞科学讲座"，通过蜡烛燃烧等表演和实验，对日常生活中各种现象的科学原理进行了解释，并且教给小听众们实验、观察和分析的方法。他的六次讲座，后来被整理成《蜡烛的故事》成为传世的科普名著，把光明的种子播种在少年们的心里。

　　大科学家将为一群小孩子举办科学讲座，引起了舆论的莫大兴趣，人们奔走相告。有个学究对此不解，跑去问法拉第："皇家学会如此庄严的科学殿堂，怎么能让乳臭未干的孩子们来做座上客呢？与这些对化学一窍不通的顽童谈论学术性很强的化学课题，合适吗？"

　　法拉第微笑道："当然合适。科学应该为大众所了解，而且要从孩子开始。我相信，我的讲座会给孩子们带来知识和快乐。"

　　从此，英国皇家学会每年圣诞节期间都会为公众举办这个科普讲座，并一直延续到今天。

▲ 法拉第和他的"圣诞科学讲座"

完美法拉第

从一个小学未毕业的学徒，到造福人类的科学家，这是一条勤奋和辛苦的逆袭之路。昏暗摇曳的油灯下，渴望知识的少年，让很多人看到了自己成长的影子。

十年如一日，重复电磁感应实验而不放弃，这是一条考验恒心和耐心的试炼之路。

法拉第经过毕生的辛勤努力，为人类开发了一个全新的知识领域。其一生总结性的著作《电学实验研究》，几乎没有一条数学公式。由于数学基础薄弱，他无法完成数学描述，这要靠麦克斯韦来完成。而他对忘年之交麦克斯韦的倾心传授，成就了一段科学史上的佳话。

1991 年，科学家托马斯爵士发表了纪念文章《凡人法拉第，天才法拉第》（*Faraday the Man*，*Faraday the Genius*），非常恰当地总结了他的品质。这个凡人，这个天才，每一个电容器上都有他的名字（法拉是电容的单位），有两个定律以他的名字命名，20 英镑纸币上面有他的头像。

如果说法拉第的前半生是自学成才的励志典范，那么他的后半生就是人类的道德高峰。

（图片来源：
Wordpress）

▲ 法拉第墓碑和 20 英镑纸币上的头像

戴维爵士曾给法拉第的研究设置了许多人为的阻力，但法拉第没有抱怨，依然对戴维爵士敬重有加。以至于这位在一生中发现了许多新元素的科学家去世前说，他一生中最大的发现是法拉第。

法拉第曾见辱于权贵，却拒绝了被提名为皇家学会会长和爵士称号的机会。皇室和政府在威斯敏斯特教堂牛顿墓旁，给法拉第预留了墓地。他还是拒绝了。他的墓碑上，只写着出生年月和名字。

据说有一次，听完演讲的女王和皇室成员，在热烈的掌声中等待法拉第返场致谢，却一直不见人影。原来法拉第早已从后门溜走，赶去为一位弥留之际的穷苦老人诵经，陪她走完人生的最后一段路程。

他少年清贫，却放弃了电动机和发电机的专利权。

他热爱和平，拒绝制造化学武器。

他曾受益于科学演讲，回馈举办圣诞节少年科学讲座。

迈克尔·法拉第，你的 middle name（中间名）叫完美！高山仰止，景行行止。

虽不能至，然心向往之。

1. 在磁铁旁撒上铁屑，观察"磁力线"的形状和疏密。

2. 用一节电池、一根导线、一根铁钉、几枚回形针，实验电产生磁场。

法拉第的碑文

沿小径，伦敦北郊，
我是一枚被感应的磁针。
场中一条弯曲的磁力线，
指我于顶天的雪松。

墓碑上没有碑文，
只有名字和生殁日期。
从报童幼稚的喊卖，
到暗烛光下叩问的眼神，
一条逆袭的路，艰辛漫长。

这双掌控电力的手，
解开电与磁之间的相生
相息。
恰如那个叫莎拉的女子，
和你互为知己。

你盗来普罗米修斯的火种，
此生只为光明。
旁边的路灯发出荧荧的光，
它们点亮了整个星球。

注：莎拉是法拉第的夫人，对他的事业极为支持。

物理简史

测地球周长
埃拉托色尼
（约前276—前194年）

利用日影和几何角度的比例，测算出地球周长为4万千米。好奇心，是所有科学发明的第一原动力。

视直径，日月的大小和距离，日心说
阿里斯塔克
（约前310—约前230年）

"敢为天下先"的胆识

星星等级表，岁差，
1年是365 $\frac{1}{4}$ 天
喜帕恰斯
（约前190—前125年）

明察秋毫

椭圆轨道，面积定律，周期距离定律
第谷·布拉赫
（1546—1601年）
开普勒（1571—1630年）

相信数据

日心说，
行星逆行的解释
哥白尼
（1473—1543年）

批判和质疑精神

浮力定律，圆周率，杠杆原理，"圆柱容球"的体积比
阿基米德
（前287—前212年）

专注，心无旁骛

比萨斜塔，斜面实验，月亮表面，银河的真相，金星相位，惯性
伽利略
（1564—1642年）

实践出真知

三大力学定律，万有引力，微积分
牛顿
（1643—1727年）

灵感往往和孤独相伴

电磁感应，电动机，发电机，磁力线
法拉第
（1791—1867年）

勤奋

光子，狭义相对论，质能方程，广义相对论，引力波，引力透镜

爱因斯坦（1879 —1955 年）

想象力概括着世界上的一切，是知识进化的源泉。

波粒二象
德布罗意
（1892—1987 年）

探索世界、探索科学的过程，前赴后继、积少成多，本身就是人类逐渐掌握的武器。

引力常数，惰性气体，散射，电子，放射性，原子模型，晶体衍射

麦克斯韦，瑞利，汤姆逊，卢瑟福，玻尔，布拉格

科学的传承

麦克斯韦 – 玻尔兹曼分布，熵公式

玻尔兹曼
（1844 —1906 年）

音乐对于科学研究的创造力和想象力的启发和刺激。

量子力学
普朗克（1858 —1947 年）
玻尔（1885 —1962 年）

玻恩，海森堡，薛定谔
生活中最强劲的力量是对手给的，对手有多强大，你就有多强大。

量子叠加态
薛定谔 (1887—1961 年)

将高深的问题形象化

麦克斯韦方程组，电磁波

麦克斯韦（1831—1879 年）

富有诗意的最美方程

变星规律，哈勃公式，宇宙大爆炸

勒维特（1868 —1921 年）
哈勃（1889 —1953 年）

科学研究中的不确定性和意外收获也同样让人目眩神迷。

科学研究的终极武器，是我们自己。

两千年的物理

篇章名	科学概念	涉及科学家或科学事件	对应课本
第一个测出地球周长的人	平面几何，天文学	埃拉托色尼	小学
最早提出日心说的科学家	岁差现象，月食	阿里斯塔克	中学物理
史上视力最好的天文学家	一年有多少天	喜斯帕恰	中学物理
裸奔的科学家	浮力定律，圆	阿基米德	小学至初中物理、数学
让地球转动的人	太阳系系统，日心说	托勒密、哥白尼	中学物理
行星运动三大定律	行星轨道	第谷、开普勒	中学物理
科学史上的三个"父亲"头衔	重力、惯性	伽利略	中学物理
苹果有没有砸到牛顿	牛顿三大定律	牛顿	小学高年级至中学
法拉第建立电磁学大厦	电磁感应	法拉第	中学物理
写出最美方程的人	麦克斯韦方程	麦克斯韦	中学物理
它和"熵"这种怪物有关	热力学	玻尔兹曼	中学物理、化学
爱因斯坦的想象力	光电效应，相对论	爱因斯坦	中学物理
关于光的百年大辩论	波粒二象性	光的干涉实验等	中学物理
史上最强科学豪门	"行星原子"模型	玻尔、普朗克	中学物理
量子论剑	量子力学	爱因斯坦、玻尔	中学物理
宇宙大爆炸	红移	哈勃	小学至中学
物理学五大"神兽"	总结性章节	奥伯斯、薛定谔	
来自星星的我们	总结性章节	物理和化学	

三万年的数学

篇章名	科学概念	涉及科学家或科学事件	对应课本
数的起源	数的起源	古人刻痕记事	小学一年级
位值计数	数位的概念	十进制、二进制等	小学至中学阶段
0 的来历	0	0 的由来	小学低阶
大数和小数	小数和大数	普朗克	小学中高年级
古代第一大数学门派	勾股定理	毕达哥拉斯	小学高年级
无理数的来历	无理数	毕达哥拉斯	小学高年级至中学
《几何原本》	平面几何	欧几里得的《几何原本》	初中
说不尽的圆之缘	圆周率 π	阿基米德，祖冲之	小学高年级至中学
黄金分割定律	黄金分割率	阿基米德，达·芬奇	初中
看懂代数	代数	鸡兔同笼，花剌子米	小学高年级至中学
对数的由来	对数	纳皮尔	初中
解析几何	解析几何，坐标系	笛卡儿	初中至高中
微积分	微积分	牛顿，莱布尼茨	初中到高中
无处不在的欧拉数	欧拉数	欧拉	初中到高中
概率统计"三大招"	概率论	高斯，贝叶斯	高中
虚数和复数	虚数、复数	高斯	初中到高中
非欧几何	非欧几何	黎曼	高中
从一到九	总结性章节	《几何原本》《九章算术》	

百年计算机

篇章名	科学概念	涉及科学家或科学事件	对应课本
语文老师和科学通才的第一之争	计算器	最早的计算器	小学科学课
编程的思想放光芒	打孔	打孔程序	初中物理
电子时代的传奇	电子管	最早的电脑	中学物理
两大天才：图灵和冯·诺伊曼	二进制	图灵和冯·诺伊曼	小学至中学数学
小小晶体管里面的小小恩怨	半导体材料	晶体管	中学物理
工程技术的魅力	集成电路	芯片制造	中学计算机
一顿关于逻辑的晚餐	与或非逻辑	布尔和辛顿	中学数学，计算机
语言的进阶	编程语言	c 语言	中学计算机
"大 BOSS"操作系统	操作系统	微软，Linux	小学至中学计算机
"1+1="在电脑里的奇遇	电脑硬件	电脑运行过程	中学计算机
全世界的计算机联合起来	互联网	克莱洛克	小学至中学计算机
把计算机穿戴在身上	物联网	智能手表	中学计算机
神经网络知多少？	人工神经网路	麦卡洛克和皮茨	
从"深度学习"到"强化学习"	人工智能，深度学习	阿尔法狗	
仿造一个大脑	超级计算机	米德	
将大脑接上电脑	脑机结合	大脑网络	
"喵星人"眼中的量子计算机	量子计算机	量子霸权	
人工智能	总结性章节	阿西莫夫	